DOG

狗狗小病不求医

蓝 炯·著
凌凤俊·审

U0241772

中国轻工业出版社

前 言

一、往事并不如烟

猫咪小白

我养的第一只宠物是别人弃养的猫咪"小白"。小白是一只小公猫，可以在我一楼的家自由出入。那时候的我没有宠物绝育的概念。看到它晚上偷偷带了女朋友"黑牡丹"回来来吃小鱼，还觉得非常有趣，躲在一旁偷看。有一天小白"约会"回来后，就钻在自己的窝里休息，此后一连3天都不怎么出去。当时我竟然没觉得有什么不对劲。等我想起来察看时，才发现它腕部破了一个很深的洞，可能是因为争夺女朋友被外面的野猫咬的，由于发现得晚，已经化脓溃烂。虽然我送它去宠物医院救治，却因为为时已晚，细菌进入血液，最终发展成了败血症。即使医生用了大量抗生素，终究还是未能挽回小白的生命。那一年，它才7岁。

Doddy

和小白几乎同时收养的还有京巴"Doddy"。Doddy是公狗，同样没有绝育。有一次和另一条没有绝育的雄性小博美争夺一条发情的雌性圣伯纳，被博美咬瞎了一只眼睛。那一年，它已经13岁。

留下

2010年10月1日，我收养了流浪狗"留下"。因为没有及时给它打疫苗，同年11月份，在吃了草地上一坨狗屎之后，感染了细小病毒。不幸中的万幸，因为送医及时，总算救回了一命。

2013年3月，出生只有10天左右的孤儿猫一家："小熊""席小小""小花"和"踏雪"来到了我家。它们在我的精心照顾下茁壮成长。没想到，同样因为没打疫苗，它们竟然先后感染了猫瘟。整整10天，我每天带着它们兄妹去医院输液。虽然最后救回了席小小、小花和踏雪，但是，我最最心爱的老大小熊却没有那么幸运，最后还是离我而去，生命定格在7个月。

席小小、小花和踏雪

病在毛孩子们身上，痛在"老母亲"的心头。直到今天回想起这些往事，我的心里还是会锥心地痛。在经历过这些之后，我深深地意识到绝育、免疫以及细心观察对于毛孩子们健康的重要性。同时，我也体会到了给毛孩子看病的费用是多么昂贵。

二、踏上求学之路

继留下之后，我又先后收养了流浪狗"小白""来福""腊月""虫虫"，天目山农家的狗"小黑""小弟弟"以及"小弟弟"的两个孩子"天天"和"山山"。为了能掌握所有毛孩子的健康状况，及时发现问题，我几乎每天都要对它们进行一遍体检，并且设计了一张《宠物健康管理表》，把每个毛孩子每天的吃喝拉撒以及各种异常状况都一一记录在案。这样，就可以杜绝像猫咪小白那样的问题再次发生，把问题解决在萌芽状态，发生了问题也容易追溯。

虽然我给家里所有的猫狗都做了绝育，并且按时打疫苗，但是，它们偶尔也还是会发生一些小问题，例如呕吐、腹泻、皮肤瘙痒、寄生虫、打架受伤等。如果一有问题就送医院，对于我来说，无论是时间、精力还是金钱都会有巨大的压力。由于从小受母亲（她是医生）的影响，我对医学一直充满了兴趣。于是，我决定自学兽医。刚开始是买了很多相关的书

狗狗"全家福"

籍，边看边实践。慢慢地，我已经能凭经验处理一些简单的问题，遇到普通的呕吐、腹泻等小问题不会发慌。

随着我的第一本书《汪星人潜能大开发》以及第二本书《狗狗的健康吃出来》出版，我的读者和狗友越来越多，很多人在自家狗狗甚至猫咪发生健康问题时，都会第一时间来问我。

而我在收到问题的时候，从来不会立即回答，而是会先问一大堆问题，等到对方全部回答之后，才做出一个基本判断：病情是轻还是重，是指导狗主人可以自己先观察处理，还是必须尽快送医院。例如我最常收到的问题是：我家狗腹泻了，怎么办？这时我会要求狗主人把狗狗大便的照片发给我，同时我必问：狗狗精神状态怎么样？有没有呕吐？有没有食欲？拉了几次？吐了几次？吐了什么？拉了什么？吃了什么？然后根据狗主人提供的回答和狗狗大便照片，我会告诉狗主人是否需要立即送狗狗去医院，以及可能导致腹泻的原因，和自己如何进一步观察和处理。因为看了太多的狗狗大便，后来我已经练习到可以边吃饭边看网友发来的狗狗大便照。

感谢这些宠友的信任，让我有机会了解到各种各样的猫狗健康问题，并且有机会让很多猫狗通过一些简单可行的方法恢复健康。这也证实了，有很多小问题，只要狗主人稍微具备一点相关的知识，足够细心和耐心，是完全可以自己在家处理的。而对于一些我无法解决的比较严重的问题，狗主人也会在去了医院之后再来向我"汇报"，从而让我间接地获得了更多的兽医临床知识。

在帮助宠友的过程中，我发现：

① 有些狗主人心特别大，可能就像我当初养猫咪小白的时候一样，往往到了问题很严重的时候才感觉事情有点不妙。例如一位狗主人说她家的狗好像小便不太正常，每次只能尿几滴。仔细询问后得知狗狗尿频、尿淋漓的情况其实已经有好久了，狗主人一直没太在意，直到发现一天似乎只有几滴尿的时候才觉得不太对。这时我唯一能

做的就是让她立即送狗狗去医院导尿。因为这种情况几乎已经是闭尿了，会引起尿毒症等危及生命的严重后果。还有些狗主人，当狗狗刚出现一些异常症状时，因为怕花钱，不舍得去医院，又不懂得正确的处理方法，自己给狗狗瞎吃药。我曾经遇到过只要狗狗一腹泻就给它吃头孢的狗主人，结果小病拖成大病，狗狗受罪，而狗主人则不得不花更多的钱来治疗。

❷ 还有些狗主人则恰恰相反，对狗狗捧在手里怕掉了，含在嘴里怕化了，稍有一点不对劲就往医院送。当然，这类主人比心大的主人要好多了，至少不会让狗狗出大事。但有时候，狗狗偶尔吐一次，或者拉一次稀，有可能完全不需要吃药打针，断食一天就自动恢复了。送医院很可能小病大治，花钱花精力不说，狗狗也白白遭罪，吃药打针毕竟是有不良反应的。

❸ 到宠物医院看病的费用非常昂贵。拿我所熟悉的上海的价格举例，普通的一个感冒咳嗽，或者腹泻便血，全程治疗下来，费用可达1000元左右。

❹ 近几年宠物数量急剧上升。一些边远地区，甚至先富起来的农村，都开始有人养宠物猫狗。而宠物医院的数量和医生的质量，却还远远跟不上宠物数量的发展。我在微信里就经常收到来自外地读者的求助。

我因此萌生了写这样一本书的想法，希望能和更多的宠物主人分享我照顾毛孩子们健康方面的经验，让更多的宠物主人能够了解：主人是狗狗最好的保健医生！

这本书的初稿其实在2016年就完成了，但是我一直没有拿去出版，因为毕竟我只是自己看书、自己摸索的，不够专业。

机缘巧合，2018年6月，我拜了杭州西天目山的乡村老兽医程久瑞为师，程师傅因此成了我的兽医启蒙老师。他不但带着我在天目山农村给当地农民的狗看病，更鼓励我去学习更多更专业的兽医知识。

同年11月，我有幸获得了旁听上海交通大学农学院兽医研究生课程的机会，对于动物流行病学、人兽共患病、免疫学以及兽医临床等学科有了初步的概念。

2018年12月至2019年7月，我又非常幸运地有机会到上海一家宠物医院跟随凌凤俊老师见习，观摩凌凤俊老师的临诊和手术。我还采访了很多宠物主人，对于许多猫狗常见疾病的临床表现、发病机理以及如何预防等有了更深切的体会。

2019年3月，我参加了一个为期7天的培训班，学习了猫狗的生理、解剖、病理、药理；常见疾病的病因、症状、预防以及处置；现场急救；病期及术后的家庭护理；基础用药等宠物猫狗护理基础知识。

同年3~12月，我还参加了很多专家级别兽医举办的专业讲座，汲取了更多的营养。

为了更系统地学习兽医知识，从2019年9月起，我开始参加中国农业大学动物医学本科函授学习，到目前为止，已经学习了兽医寄生虫学、兽医传染病学、兽医内科和外科等多门课程。

通过这些学习，我终于觉得有底气来修改这本书了。

三、五月磨一书

2019年10月24日，由于一起恶性投毒事件，我在半天之内痛失了留下、小白、腊月、虫虫、小弟弟、天天和山山7个毛孩子。我的心碎成了无数瓣。我到处上课，认真学习兽医，就是希望能保它们一生健康、平安，没想到，竟然连它们的命都没有保住。

在好朋友无争的帮助下，我渐渐走出了伤痛，决心把给这7个毛孩子的爱分享到更多的毛孩子身上，让7个毛孩子的生命在更多的受到帮助的毛孩子身上得到延续。

从2019年11月开始，我擦干眼泪，一头扎进了这本书的修改中。历经足足5个月的时间，终于在2020年3月底完稿。这期间经历了令全国人民难忘的、在家"闷"新冠病毒的一个又一个14天。在"闷"病毒的同时，我也在"闷"这本书，一改再改。我希望呈现给读者的是一本既专业又通俗的狗狗健康手册，是一本凡是狗主人都应该看也都能够看懂的工具书。

全书共分为2篇，中心思想是"预防为主，早发现，早治疗"。

第一篇"日常护理"，以及第二篇中的"免疫、驱虫和绝育"等章节，讲的是预防。如果这些预防措施做好了，那么很多疾病就可以避免，例如常见的湿疹、牙结石、母狗子宫蓄脓等。

而第二篇中的第一章"如何科学管理狗狗的健康"，不需要狗主人有专业的兽医知识，只要狗主人有足够的细心和耐心，能够每天观察狗狗的吃喝拉撒等各种状况，掌握什么是狗狗的健康状态，就能够在狗狗身体稍微出现异常的时候及时发现，然后可以根据第二章"小病不求医"中介绍的各种常见症状，按图索骥，判断病情的轻重，自行处理一些轻微的症状或者及时将狗狗送医。就好比我们买了一台电视机，突然屏幕黑了，这时我们首先要做的不一定是打电话找维修人员，而是可以先翻出电视机的说明书，找到导致黑屏的最简单的、自己就可以处理的原因：例如是不是插座松了，是不是停电了。在排除这些简单原因之后，再找维修人员处理。

如果你能认真地阅读本书，那么，至少可以自己解决60%左右的狗狗健康问题。因为，其实无论是人还是动物，至少有60%的健康问题是可以自愈的。这样，不但能让毛孩子们更健康，少受痛苦，还能帮助狗主人省下不菲的医疗费用。关键在于，你要能早发现、早干预，不要让小病变成大病。

而在第二篇第一章第四节"如何迅速判断狗狗病情的轻重程度"以及第二章"小病不求医"中，分别从总体上、从每一类具体的临床症状上强调了需要将狗狗尽快送医院检查的情况，确保不会贻误病情。有问题欲咨询作者的话，可加微信"狗狗小病不求医"。

愿天下的毛孩子们无病无灾，

健康平安！

愿所有的毛孩子们都能被温柔以待！

致 谢

感谢一直带领我见习、耐心给我讲解兽医临床知识，并且能在百忙之中抽空审核本书、从专业上给我把关的上海交通大学宠物医院凌凤俊老师。

感谢为我打开兽医专业知识大门的上海交通大学华修国、朱建国、崔立教授以及王恒安、唐峰副教授。

感谢领我入临床操作之门并且鼓励我自学兽医知识的、我的第一位兽医师傅——乡村老兽医程久瑞。

感谢为我解答关于沐浴露酸碱度对皮肤影响相关问题的、浙江大学医学院附属邵逸夫医院皮肤科专家叶俊医生。

感谢为我解答宠物沐浴露相关问题的、上海制皂（集团）有限公司欧阳女士。

感谢为我解答关于寄生虫和驱虫方面问题的、德国拜耳公司祁梦园女士。

感谢为我试读本书并且提出大量宝贵意见和建议的"妞妞外婆"郑巧英教授，"冻冻妈妈"许雁女士，以及毛孩子"家长"Stacy王女士。

感谢为我提供本书插图所用照片的所有毛孩子"家长"和毛孩子们以及协助我拍摄部分照片的好朋友李华和张广泰。

感谢为我提供实践经验并且激励我完成此书的那些曾经有缘和我在一起的以及现在还在我身边的所有毛孩子们。

感谢所有信任我、曾经向我咨询过狗狗和猫咪健康问题、为我提供了宝贵的实践经验的宠友们和你们的毛孩子们。

感谢培养了我对医学的浓厚兴趣并且将对小动物的热爱"遗传"给我的、我在天堂的母亲徐知燕，愿您和父亲在天堂没有病痛。

谨以此书献给我最善良的母亲徐知燕。

谨以此书献给我深爱的、已经去了天堂的留下和其他所有毛孩子们。

目 录

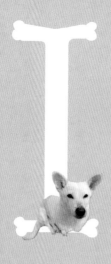

Ⅰ

日常
护理

II

健康
管理

日常
护理

狗狗的日常护理包括洗脸、洗脚、洗屁股、梳毛、刷牙、洗澡、挤肛门腺、掏耳朵、剪脚指甲、按摩和全身检查等。最好能给狗狗从小养成这些良好的习惯，这样狗狗对于你经常要在它身上"动手动脚"就不会那么讨厌，而是会乖乖地配合！日常护理做得好，狗狗生病的可能性就降低了一大半。

第一章　擦身和梳毛

现在的宠物狗，大多和主人居住在同一个空间，甚至有些还会和主人睡同一张床。那么，除了洗澡，平时让从户外散步回来的狗狗保持干净的小窍门就是：每天给狗狗擦拭全身，并且梳毛。

第一节　擦身

可以用拧干的温水毛巾给狗狗擦身，也可以用婴儿用湿纸巾或者质量可靠的宠物专用湿纸巾。有一种日本进口的宠物擦身用湿纸巾很不错，擦得干净，使用起来又方便。

给狗狗擦身时，要特别注意以下部位

一、眼睛周围

注意去除眼屎和泪斑。泪痕比较严重的，可以用棉签蘸取硼酸洗液（药房有售）擦拭。

二、嘴巴周围

对于嘴部毛比较多的狗狗，例如泰迪或者梗犬，要特别注意清洁嘴部的毛。最好在狗狗吃完饭或者喝完水之后及时用小毛巾擦嘴。

硼酸洗液

三、肛门和外生殖器

注意去除粘在肛门及周边毛上的粪便。尤其是在狗狗拉了软便或者腹泻之后，更要及时清洁肛门，否则粪便粘在肛门上，其中的细菌容易造成肛周皮肤发炎，以及母狗子宫蓄脓，而粪便中的虫卵又容易引起寄生虫重复感染。

另外，别忘了清洁狗狗的生殖器，平时用无刺激的婴儿湿巾擦拭即可。母狗发情期间，可以用洁尔阴清洗外阴，再擦干。公狗的"小鸡鸡"也要注意保持清洁，可以经常用婴儿湿巾擦拭"小鸡鸡"头上的包皮以及导尿毛。

第二节 洗脚

狗狗外出回家后，最需要清洁的就是脚丫子了。

最理想的是用温水及肥皂给狗狗洗脚。洗完之后要注意，除了用毛巾把脚擦干之外，还要用吹风机把脚趾缝吹干，不然很容易因为潮湿而使狗狗的趾间发炎。

如果嫌麻烦，也可以简单地用拧干的毛巾或者宠物专用湿纸巾给狗狗擦脚。

此外还有一种免洗洁足泡沫，具有清

来福示范用洁足泡沫

洁、杀菌的作用。只要把泡沫涂在狗狗脚掌上，揉搓之后，用毛巾或者纸巾擦干即可。效果不错，适合懒人。

给狗狗擦脚的时候要注意检查每一个脚趾缝，及时清除嵌在脚趾缝里的小石子等异物。

第三节 梳毛

经常梳理狗毛不仅有助于清洁毛、去除死毛、防止毛打结、使毛柔顺而有光泽，还能促进皮肤的血液循环，对狗狗的健康很有帮助！

另外，梳毛也是和狗狗建立亲密关系的良好时机。因此，最好养成每日为爱犬梳毛的习惯。短毛犬可以每隔几日梳理一次。

给狗狗梳毛的注意事项

一、要让狗狗逐渐适应梳毛

刚开始的时候，时间要短，不要强迫狗狗。习惯后再逐步延长梳毛的时间。

二、梳毛的时候动作要轻柔

对于长毛犬，可以用一只手固定住毛的根部，用另一只手拿梳子梳毛，防止牵动皮肤引起狗狗疼痛从而厌恶梳毛。

在梳理到狗狗敏感部位（如外生殖器、腹部）附近的时候，动作更要小心。如果不小心弄痛狗狗了，要立即道歉，并暂时停止在该部位梳理。可以换成在它最喜欢的部位（如头部）轻轻地梳理，让狗狗感觉舒适。过一会儿再继续梳前面的部位。

梳毛的时候，可以经常跟狗狗用愉快的口气说说话，例如表扬它"真乖"，并且一边梳毛一边奖励它一点好吃的。这样，狗狗很快就会爱上梳毛啦!

来福在梳毛

三、注意观察狗狗的皮肤

发现有结痂、红疹、化脓等皮肤异常症状时要避开梳理，同时要及时治疗。

四、遇到毛打结时

用手捏住毛根，以免牵动皮肤，从毛尖开始慢慢梳到根部，将结梳开。如果已经结成了比较大的死结、疙瘩，则需要小心剪掉毛结，再进行梳理。

五、不要只梳理被毛而忽略底绒

有些品种的狗有双层毛，例如京巴、金毛、边牧等。表面的毛比较粗硬，称为被毛；被毛下面的毛细密而柔软，称为底绒。

底绒非常容易打结，如果只梳理被毛、忽略底绒的清理，容易造成底绒结团，导致皮肤不能顺畅"呼吸"，尤其是潮湿的季节、环境，更容易滋生真菌、寄生虫，并引发皮癣、湿疹等皮肤病。可以每周使用褪毛梳梳理底绒1~2次。

六、分层梳理

　　如果狗狗是双层毛，梳子可能难以梳透，就需要一层一层分开梳理。先梳理被毛，梳顺之后梳理下面的底绒，最后再统一梳理。

第二章　牙齿护理

第一节　牙齿护理的重要性

一、狗狗有口臭和牙结石是正常的吗

有一次我用手给狗喂零食。一个5岁的小男孩见了，尖叫着说："阿姨，你的手会很臭的！因为狗狗的嘴巴很臭的！"

的确，很多宠物狗都有不同程度的口气，同时大多数宠物狗在1岁以后，牙齿就开始逐渐发黄、长牙结石等。而主人也往往会认为这些都是正常现象。但我家的狗狗来福、小白和留下在2019年我写这些文字的时候已经分别是5岁、7岁和9岁了，

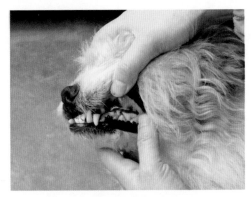

来福6岁时的牙齿

却依然保持牙齿基本洁白，口气清新。其实，这才是正常现象！

而有严重口臭的狗狗，很有可能已经患了牙周病。据PE国际兽医牙科基金的创始人彼得·艾米莱博士（Dr. Peter Emily）以及英国兽医牙科协会会长苏珊娜·潘门博士（Dr. Susanna Penman）讲："超过85%的3岁以上的猫狗患有严重的牙周疾病，需要治疗。"

二、狗狗为什么会得牙周病

所谓牙周病就是牙齿的支持组织，包括牙龈、牙骨质、牙周韧带和牙槽骨因炎症所致的一种疾病。牙周病可分为牙龈炎和牙周炎两大类。其中，牙龈炎就是指牙龈发炎肿胀，是牙周病的初期，如果及时干预还可以恢复正常。而牙周炎则是指牙齿的支持组织（骨和韧带等）已经有了不可逆的损伤，因而会导致牙齿松动，最终脱落。

牙周病最常见的罪魁祸首就是很多主人认为是正常现象的牙结石。

口腔中的食物残渣给牙细菌提供了养分，使得牙细菌大量繁殖，从而在牙齿表面形成

一层薄薄的、浅黄色的牙菌斑。如果不及时清除，牙菌斑就会钙化，形成厚厚的、黄绿色或者深褐色的、坚硬的牙结石。

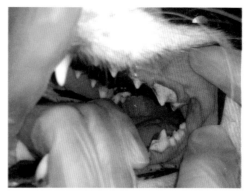

牙结石（"Iggy"友情提供）

牙结石就像是一座石头的城堡，给牙细菌提供了更加安全的居住场所，因此，牙结石里面滋生着更大量的牙细菌，同时坚硬的牙结石也会对牙龈不断地进行刺激，从而引起牙龈炎，严重的会引起牙周炎。

不及时清洁牙齿是引起狗狗牙周病的最主要原因。此外，给狗狗啃咬不适合的骨头，容易使牙齿受损，不及时治疗的话也会导致牙周病。

三、牙周病对狗狗会有哪些影响

牙周病对狗狗最直接的影响就是引起口臭、流口水、牙床疼痛、牙龈出血、进食困难、牙齿松动甚至脱落，严重的还会导致口鼻瘘等。但是，牙周病的危害却远不止这些！

《生骨肉》（*Raw Meaty Bones*）一书作者汤姆·朗斯代尔博士（Dr. Tom Lonsdale）（1972年毕业于伦敦皇家兽医大学，兽医，生骨肉喂食理念的创导者）解释说，牙周病可能引起心脏、肝脏、肾脏等方面的疾病，并可能抑制骨髓功能。

彼得·艾米莱博士（Dr. Peter Emily）、苏珊娜·潘门博士（Dr. Susanna Penman）在马氏公司（Mars Corporation）1991年出版发行的一本刊物——《沃尔瑟姆国际焦点》（*Waltham International Focus*）中也提到："口腔感染病灶处的细菌会通过发炎的牙龈进入血液，并可以随之传播到其他器官，通常为心脏和肾脏。"因此，很多有严重牙周病的狗狗往往会伴有心脏和肾脏的问题。

此外，朗斯代尔博士还认为，长期的牙周炎症会使身体的免疫系统为了抵御外敌入侵而不得不保持每年365天、每天24小时毫无间歇地辛劳工作，从而导致免疫系统的各种异常情况，例如过度免疫（会引起极度瘙痒等皮肤过敏反应，心肺、肾脏以及关节等疾病），自身免疫（引起皮炎、关节炎、自身免疫性溶血性贫血等疾病）以及免疫力低下（容易引起癌症等各种疾病）。

总之，长期的牙周疾病对身体的害处很多。要让狗狗保持健康，首先就要从牙齿护理开始。

第二节 换牙期的牙齿护理

大约在3月龄的时候，狗宝宝开始进入换牙期，一直持续到8~10月龄。在这期间，主人应该注意以下几点。

一、提前做好准备，防止狗狗搞破坏

因为牙齿生长产生的疼痛，以及逐渐开始旺盛的精力，如果不及时正确引导，狗宝宝，尤其是中大型犬的宝宝，很快就会变成破坏大王。因此，主人应多准备一些供狗狗啃咬的玩具、零食，避免狗狗养成"拆家"的坏习惯。

二、缓解牙齿生长的疼痛

除了给狗狗提供适当的啃咬玩具，还可以把湿毛巾打结后冰冻起来，然后给狗狗啃咬，帮助它缓解疼痛。

三、注意观察换牙的情况

狗狗换牙的时候，如果脱落的乳牙找不到，主人倒不必担心，因为很有可能是被狗狗自己吃下去了，也有可能掉在某个角落里了。

天天的乳牙（张广泰拍摄）

在这个阶段，主人需要特别注意的是恒牙长出来后，乳牙有没有脱落的情况。乳牙和恒牙的区别：乳牙小而薄，但尖端十分锋利；恒牙大而厚，尖端比乳牙圆润。如果从狗狗长牙开始就注意观察，是很容易发现二者之间的区别的。

如果恒牙已经长出，而对应的乳牙却没有脱落，就是所谓的"双排牙"。双排牙容易导致口臭、牙结石，以及牙周病。此外，未脱落的乳牙还会影响恒牙的正常生长（具体见第102页"双排牙"）。

朵拉的双排牙（张广泰拍摄）

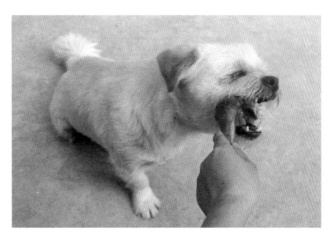

乖乖在啃羊蹄

四、采取措施，帮助乳牙自行脱落

在换牙期，尤其是发现狗狗发生双排牙时，主人应多给狗狗一些安全的硬物，例如风干羊蹄（制作方法见第184页"风干羊蹄"）、鹿角（驯鹿春季自然脱落的角）等，让其啃咬，帮助乳牙脱落。

如果狗狗满1周岁后，仍然有双排牙，则应尽早带狗狗去宠物医院，请医生拔除未脱落的乳牙。也可以趁做绝育手术的时候拔牙。

五、附表：狗狗牙齿生长表

年龄	牙齿生长情况
3~4周龄	开始长牙（门齿、犬齿）
2~3月龄	乳牙全部长齐，细而尖
3~5月龄	更换乳门齿
4~6月龄	更换乳犬齿和乳臼齿
8~10月龄	恒牙长齐，齿尖圆钝，洁白光亮

第三节 成年后的牙齿护理

一、牙齿护理的方法

狗狗牙齿护理的方法一般有以下几种。

1. 饭后刷牙

这是能保持狗狗牙齿清洁的最便宜、最安全也是最有效的方法，应该作为主要的护理手段。而其他所有方法，都只能作为辅助手段。

虽然狗粮生产厂家宣称让狗狗吃颗粒狗粮有助于清洁牙齿，但事实是，如果从不给狗狗刷牙，即便狗狗长期吃颗粒狗粮，还是会产生牙结石。我见过太多一直吃颗粒狗粮，从不刷牙，牙结石非常严重的狗狗。

而相反，虽然我家的所有狗狗都以我自制的狗饭为主食，但因为一直坚持刷牙，个个都"明眸皓齿"，口腔里也从来没有异味。

2. 使用漱口水

把宠物专用漱口水加入狗狗的日常饮用水中，能起到抑制牙细菌滋生的作用，从而避免以及减轻牙结石的形成。但是使用漱口水一定要注意以下几点。

1）选择安全可靠的品牌

因为狗狗的漱口水是要喝下去的！

2）不要长期给狗狗使用漱口水

首先，大多数漱口水的主要有效成分都是氯化十六烷吡啶、葡萄糖酸、洗必泰（双氯苯双胍乙烷）等化学抗菌剂，以及其他一些化学成分。长期给狗狗服用这些化学药剂，对健康不利。

其次，漱口水的原理都是抑菌，如果长期使用的话，可能导致口腔菌群失调。

即便对于喝了漱口水还能吐出来的人类，医生也建议不要长期使用漱口水代替刷牙。对于不得不把漱口水喝进肚子的狗狗来说，就更不应该长期喝漱口水啦！

3）什么时候可以给狗狗用漱口水

如果狗狗牙结石或者口臭已经比较严重，但又暂时没有办法去医院处理，这时可以使用一个阶段的漱口水，缓解症状。

或者，如果主人在某一时期内没有时间给狗狗刷牙，也可以在饭后给狗狗用点漱口水来保持口腔清洁。但是，如果狗狗口腔问题不严重，建议在饭后给狗狗喂点淡的绿茶水代替漱口水。绿茶有抑菌、护齿的功效，还能清新口气。

3. 咬胶及绳结类玩具

在宠物店可以买到狗咬胶以及绳结类的玩具。这类玩具既可以满足狗狗的啃咬欲望，又可以起到清洁食物残渣的作用，所以可以作为刷牙的辅助手段，在主人想偷懒的时候，让狗狗在饭后啃咬，代替刷牙。

但是一定要注意咬胶的安全性。很多咬胶是用劣质的原料甚至工业明胶制成的，对狗狗的健康有害。所以一定要挑选可靠品牌的。比较好的是一些天然产品，例如风干的猪耳朵、兔耳朵、牛筋、牛鞭等。也可以自己用肉皮制作，制作方法见第185页"风干肉皮"。但是这些东西都不太容易消化，所以最好不要给3个月以下的幼犬食用。即使成犬，也不要一次吃得太多。

至于绳结类的玩具，虽然狗狗一般不会吃下去，可以比较放心地从宠物店购买，但是，给狗狗玩的时候一定要有主人在旁边监督，确保狗狗不会咬开了吃下去才行。

4. 啃咬骨头

前面说的咬胶和绳结类玩具相对来说比较柔和，适合用来去除牙齿表面的食物残渣和浅表的牙菌斑。而对于形成时间较长、硬度较高的牙结石，则需要"硬碰硬"，让狗狗啃点骨头会有比较好的效果。

要特别注意的是，动物的腿骨，尤其是煮熟以后又硬又脆，容易损伤狗狗的牙齿和肠道，不要给狗狗喂食。肋骨、鹿角（驯鹿春季自然脱落的角）之类比较适合用来磨牙。

对于8岁以上的老年犬，喂食骨头时要特别谨慎，以免牙齿磨损以及不消化。

小白在啃肉皮咬胶

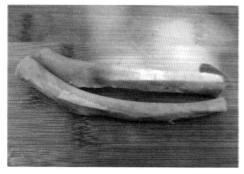

猪肋骨

5. 刮刀刮除牙结石

网上可以买到一种用来刮除牙结石的刮刀。当牙结石不严重的时候，主人可以尝试用这种刮刀来刮除牙结石。但是，一定要非常小心，防止伤到牙龈组织以及血管造成出血。应采用循序渐进的方法，先刮一下，然后奖励；再刮一两下，再奖励，这样让狗狗慢慢适应洁牙工具。

这个方法只适用于不会乱动、非常配合的狗狗。

还有一种配套使用的凝胶，涂在牙结石上，可以使牙结石松动，便于刮除。但是，对于这种进入口腔的产品，我一贯持谨慎态度，如果买，也一定要买可靠的大品牌。

如果牙结石刚刚形成不久，看上去还是薄薄的，淡黄色，也可以尝试直接用指甲抠，有时候也能抠下来。

牙结石刮刀

6. 洁齿

洁齿，是指让兽医用专用牙科器械刮除牙结石，需要狗狗在麻醉状态下才能进行。

一般来说，如果从小就给狗狗用前面几种方式护理牙齿，是不用给狗狗洁齿的。

但如果狗狗的牙结石已经比较严重了，那么最好去医院洁齿。要是正好要给狗狗做绝育手术，或者其他手术，可以提前告诉医生，在手术的同时给狗狗洁齿，这样就不需要让狗狗再冒一次麻醉的风险了。

要注意的是，洁齿只是去除已经形成的牙结石，洁齿之后还需要再按前面的方法护理牙齿，否则很快又会形成新的牙结石。

二、如何给狗狗刷牙

1. 让狗狗习惯刷牙的训练步骤

第一步：
手指牙刷 ＞

用手指当牙刷，擦拭狗狗的每一颗牙齿。刚开始训练时，擦完即用零食奖励。等狗狗习惯后，逐步取消零食奖励，用抚摸、按摩、游戏等代替。

用手指刷牙

第二步：
纱布牙刷 ＞

等狗狗对手指牙刷毫不抗拒之后，开始用打湿的医用纱布或者婴儿用手口湿巾或者宠物专用洁牙布等，包裹手指，代替手指牙刷。奖励方法和第一步相同。

用纱布刷牙

第三步：
正常牙刷
和牙膏 ＞

在狗狗习惯纱布牙刷后，你就可以尝试用正常的宠物牙刷和牙膏了。

宠物牙刷大致有两种形式，一种是和成人的牙刷差不多，只是刷头小一些。也可以用

用牙刷刷牙

人类的婴儿牙刷。另外一种是套在手指上的硅胶指套牙刷。可以根据狗狗的情况选用。对于配合度不太高的狗狗，一般建议用指套牙刷，狗狗比较容易接受。这一步也需要通过奖励来让狗狗慢慢接受。

和纱布牙刷相比，用牙膏和正式的牙刷，摩擦力会大一点。如果你无法做到每次饭后立即给狗狗刷牙，那么用牙刷和牙膏的效果会好一点。

凡是要让狗狗吃进肚子的东西，你一定要确保它的安全性。牙膏也不例外！因为狗狗不会自己漱口、吐出牙膏泡沫，而是很容易把牙膏吃下去的！如果你不能确保买来的牙膏能让狗狗安全食用，那么不用也罢！只要能经常在饭后给狗狗及时刷牙，完全可以停留在第二步：用纱布擦牙。或者，你也可以在用牙膏刷完牙之后，用纱布及时把牙齿上的牙膏擦掉。

对我家所有毛孩子，我一直都是在饭后立即用婴儿的手口湿巾给它们擦拭牙齿，效果也不错。

2．关于刷牙的频率

如果主人有时间，最理想的当然是每次饭后立即给狗狗刷牙（人类也一样哦），因为这时候口腔内的牙细菌最活跃，而且食物残渣最多，而且这时候还没有形成牙菌斑，所以即使只用一块纱布，也非常容易把牙齿擦干净。

如果你一天只能给狗狗刷一次牙，那么最好选择晚饭后。因为晚上睡觉时唾液分泌量会大大减少，口腔本身的杀菌作用因此会大大减弱。晚饭后刷牙，可以避免夜间牙细菌在口腔中大量繁殖。

如果实在做不到每天刷牙，那么至少应3天刷一次。

不刷牙的时候，可以通过前面提到的其他辅助方式让狗狗自己清洁牙齿。

3．关于给狗狗刷牙的注意事项

要记住，狗狗自己是不会喜欢刷牙这件事的。所以，千万不要把狗狗愿意配合刷牙当成是天经地义的，要隔三差五地表扬一下哦！

可以经常在刷牙之后，立即奖励一根好吃的洁牙棒、磨牙骨什么的，也可以根据狗狗的喜好陪它玩个游戏、做个按摩什么的作为奖励，既能让狗狗爱上刷牙，又不至于因为刷牙之后吃东西而再次弄脏牙齿。

第三章 洗澡

第一节 如何选择最合适的沐浴产品

一、狗狗皮肤和人类皮肤的pH不同，所以不能用人类的沐浴产品吗

有一种流传很广的说法，说狗狗不能用人类用的沐浴产品洗澡，理由是狗狗皮肤的pH（酸碱度）和人类的不同，人类皮肤偏酸性，狗狗的皮肤偏碱性，如果给狗狗用人类的沐浴产品洗澡，容易使狗狗患皮肤病。

────── 这种说法真的科学吗 ──────

1. 人类皮肤pH和犬类皮肤pH的差异

皮肤的最外面有一层由皮脂腺分泌出来的皮脂等物质所形成的保护膜，称为皮脂膜。

所谓皮肤的pH就是指这层皮脂膜的pH。pH，是酸碱度的衡量标准，pH<7为酸性，pH>7为碱性，pH=7为中性。

人类皮肤皮脂膜的pH为4.5~6.6，偏酸性。

而狗狗皮肤的pH则在7左右，呈中性。我曾请当时在某化妆品公司工作的朋友Grace帮忙，刮取了她家狗狗"卡卡"（拉布拉多混血）的皮屑作为样本，到工厂的实验室做了检测，结果pH为7.3。

2. 皮肤正常酸碱度被破坏后，多久能恢复平衡

根据实验，"局部外用碱性物质后6小时，皮肤表面pH恢复正常"。实验中用的是碱性物质，对皮脂膜的破坏程度要远远高于沐浴产品，因为沐浴产品一般只是弱碱或者弱酸性，对皮肤表面pH的影响就更小了。

而且，浙江大学医学院附属邵逸夫医院皮肤科专家叶俊医生告诉我说，"只要不频繁使用沐浴露，同时沐浴露的pH不要太高或者太低，皮肤的pH还是会很快恢复的。"

3. 沐浴产品的pH一般都在什么范围

根据我国现行沐浴剂（用于人体肌肤清洁）的相关标准（GB/T 34857-2017），用于清洁人类皮肤用的沐浴产品的pH范围为：成人产品4.0~10.0，儿童产品4.0~8.5。

根据洗发液产品的相关标准（GB/T 29679-2013），洗发液产品的pH范围为：成人产品4.0~9.0，儿童产品4.0~8.0。

此外，我还查阅了香皂类产品的相关标准（QB/T 2485-2008），发现其中并没有对pH的具体规定，但根据我从上海华宜集团旗下上海制皂（集团）有限公司专业人员处了解到的信息，他们所生产的皂类产品的pH一般为9.0~12.0，都是碱性的。

我国目前对于宠物沐浴露产品并没有统一的标准。我随机调查了10种国产宠物沐浴露，发现大多数（70%）都是采用厂家各自的企业标准。而在这些标准中，只有一家企业标准规定了产品的 pH范围为6.0~9.0，其他的都没有对pH做出规定。

同时，上海制皂（集团）有限公司的专业人员告诉我，虽然人类皮肤的pH偏酸性，但是，一般人类的沐浴露却都是偏碱性的；虽然狗狗皮肤的pH呈中性，但是，他们研制的宠物沐浴露反而是偏酸性的！原因是碱性洗涤剂去污力更强，所以人类用的产品基本是偏碱性，毕竟去污是第一目的；但是，由于酸性沐浴露和宠物的毛更相容，更容易渗透到狗狗细密的毛中，更能起到洁净作用，所以他们研制的宠物沐浴露偏酸性。

4. 结论

从前3点我们可以得知：

- 人类皮肤偏酸性，犬类皮肤接近中性；
- 就算使用了和皮肤pH不一致的沐浴产品，只要不是过于频繁，正常皮肤的pH很快会恢复正常；
- 人类自己的沐浴产品（偏碱性）和人类皮肤的pH（偏酸性）也有较大差别；
- 一般情况下，人类沐浴产品的pH偏碱性，因为碱性产品的去污力强；
- 皂类产品都偏碱性；
- 宠物沐浴产品的pH没有明确规定，实际产品有的偏碱性，也有的偏酸性。

因此，我们可以得出这样的结论：以pH为理由，说狗狗不能用人类的沐浴产品、只能用宠物的沐浴产品是站不住脚的。

二、从选择沐浴产品的角度出发，狗狗和人类到底有什么不同

其实狗狗和人类最大的不同不在于皮肤的pH，而在于有些犬种的毛比人类的要浓密、细软，不容易洗干净；人表皮的角质层平均由15层细胞组成，而犬类只有3~5层，更容易受到刺激；此外，狗狗的嗅觉比人类灵敏，有些香精对狗狗刺激性大。

因此，我们在给狗狗选用沐浴产品时应更多地考虑洁净能力、刺激性以及产品的安全性这几个方面。

披着浴巾的来福

三、给狗狗选择沐浴产品要注意什么

1. 产品是不是正规

有很多国产的所谓宠物专用沐浴露标识不清，连成分都不标明，还有的执行标准写得非常随意，我随机调查的10个样本中，有一个是"宠物抗真菌香波"，用的标准却是固体沐浴盐的标准；还有一个用的是企业标准，上网一查却是企业印章使用标准，和沐浴露完全没有关系。像这样的产品很令人怀疑它的质量。

所以，如果你准备购买一款宠物沐浴露，那么首先要检查的就是它的外包装上有没有下列信息：中文厂名、中文厂址、产品主要成分、生产许可证号、执行标准、生产日期、保质期等。如果这些信息缺失，或者不明确，那么肯定不会是正规企业的产品。

再进一步，最好能上网搜索外包装上的生产许可证号（全国工业产品生产许可证公示查询系统 www.qszt.net）以及执行标准（工标网 www.csres.com），验证一下查询到的内容和产品相关信息是否符合。如果不符合，那么产品肯定也存在问题。

如果是进口产品，那么你首先需要查证的是，这是真的进口产品，还是"假洋鬼子"？你可以根据包装上的生产厂家网址上网查询，如果是"假洋鬼子"，网站上很容易"露馅"。

如果你不会查，或者有怀疑，也可以拨打当地消费者投诉热线"12315"。

2. 温和、不刺激

气味是否太刺激 ＞ 有些产品为了迎合主人的喜好，添加了劣质的香精，人类闻上去香喷喷的，但是对狗狗的鼻子、皮肤却都有很大的刺激。因此，尽量选择没有添加香精或者气味温和的产品。

对眼睛是否有刺激性	>	给狗狗洗头的时候，沐浴露容易入眼，所以最好选择对眼睛没有刺激的产品。
对皮肤的刺激性大吗	>	沐浴产品中的很多化学添加剂，例如表面活性剂、香精、增稠剂、防腐剂等对皮肤都有一定的刺激性。尽量选择添加剂少的产品。

3. 易洗净、低残留

现在的沐浴产品几乎都含有各种化学物质，这些化学物质残留在皮肤中不但会对皮肤有刺激性，而且长此以往还容易致癌。

我在2011年7月20日《南方日报》（电脑版）上的文章中看到，中山大学附属第三医院副院长翁建平认为，生活在工业化加速发展的环境中，要想完全不接触这些化学物质很难，防不胜防，那就减少日化产品的使用量，用最简单的肥皂之类的来代替各种功能的沐浴露、洗发水，翁建平强调说"越简单越好，越少用日化品越好"。

对于人类尚且如此，那么对于体重比我们小得多而毛又比我们多得多的狗狗来说，就更应该尽量选择容易洗净、低残留的产品。

4. 敏感肌肤不要使用功能性产品

宠物专用沐浴露品种繁多，有美毛护毛、除蚤灭虱、除臭、杀螨除菌、消炎止痒，美白、防脱毛、驱蚊虫等各种功能性产品，但是其真正有效功能就是一个：清洁作用，其他的效果并不明显。

比如除蚤灭虱，光靠使用沐浴露根本达不到效果，还是需要用外用驱虫药物。比如美毛，最主要还是要由内而外，注意食物中多不饱和脂肪酸以及蛋白质的摄入，才能使毛油光发亮。如果营养跟不上，靠美毛的沐浴露也是徒然。然而，若要增加这些功能，沐浴露中就会又增加相应的化学添加剂，对皮肤刺激性则更强。

因此，一般情况下，没有必要选择这些功能性产品。如果你家狗狗是敏感肌肤，就不要使用这类产品。

四、建议选用的产品

幼犬、 小型犬、 短毛犬 >	用弱碱性的肥皂就可以了！除了洗衣皂碱性较强，不建议使用之外，绝大多数的洗手或者洗澡用的肥皂都是弱碱性的，完全可以使用。当然，如果有条件，用质量可靠的手工皂就最好了。手工皂是用油脂和碱经皂化反应后制成的，没有任何其他化学添加剂。

手工皂

大型犬、 长毛犬 >	用肥皂洗澡可能有点洗不干净。如果经济条件允许，可以选用口碑较好的进口宠物专用沐浴露。如果觉得进口产品比较贵，那么也可以选择国内大公司生产的宠物沐浴露，或者选用含添加剂少的适当的人用洗发露（注意不要使用薄荷香型的）。

五、真实案例

案例一：我养的第一条狗Doddy，京巴，活了13岁。一辈子都跟我共用洗发水（那时候也没有什么宠物专用沐浴露），从来没有得过皮肤病。这也证明人类的洗发水并非绝对不可以给狗狗用。Doddy1个月左右才洗一次澡。

案例二：我朋友养的一条狗叫"壮壮"，也是京巴，活了16岁。一直用蜂花檀香皂洗澡，大约10天洗一次，皮肤也没有出现过问题。

案例三：我家留下在刚开始的4年都是用普通的国产宠物沐浴露洗澡，大约每隔20天洗一次，一直都很正常。但是在2014年11月份（10月份做完绝育手术）给它用以前一直用的沐浴露洗澡后，就出现了皮肤瘙痒的症状。后来我一直用手工皂给它洗澡，皮肤也都正常。究其原因，可能是因为绝育后雌激素减少，使皮肤变得干燥，这时对刺激性较强的普通沐浴露就比较敏感了。

所以说，并非一定要给狗狗使用宠物沐浴露，根据狗狗的具体状况选择合适的沐浴产品，不过度频繁洗澡，才是最重要的。

第二节 自己给狗狗洗澡的注意事项

一、洗澡

1. 洗澡不要过度频繁

一般10~15天洗一次就可以了。对于短毛犬，如果狗狗的毛保持得比较干净，也没有瘙痒的症状，甚至一两个月洗一次澡也没问题。

如果洗澡次数过于频繁，就会使被毛变得脆弱，容易脱落，并失去防水的作用，还容易使狗狗罹患皮肤病。

但是，有的狗狗为油性皮肤，或者患有脂溢性皮炎，刚洗完澡两三天皮肤和毛

来福在洗澡

就油腻腻的了，身体闻上去也有一股异味。对于这类狗狗，主人就可以根据情况，每隔5~7天洗一次澡。

2. 洗澡的水温

水温过高容易对皮肤造成刺激，使皮肤干燥、发痒，所以最好使用接近体温的温水洗澡。

3. 注意保护耳朵和眼睛

洗澡的脏水进入眼睛或者耳朵，容易造成眼睛或者耳道发炎，因此洗澡的时候要特别注意，不要让脏水进入眼睛和耳朵。

建议洗澡前在狗狗的耳朵里塞入棉球。棉球大小要适当，太大可能塞不进，而太小则容易有落入耳道的危险。要塞得紧一些，否则容易在狗狗甩头时被甩掉。

冲洗头部时，注意先用一只手将狗狗的头部微微往后仰，冲洗头顶，避免脏水入眼。冲洗脸部时，用手护住眼睛。可以用一块小毛巾沾水洗脸。

4. 减少残留

注意用清水将沐浴露彻底冲洗干净，尤其是大腿根部、肛门和外生殖器等容易被忽略

的部位，尽可能减少化学物质的残留。

二、吹风

1. 先擦再吹

洗完澡之后，应立即用吸水性强的毛巾将狗狗身上的水分擦干，然后用吹风机彻底吹干。吹风容易损伤毛，所以在吹风之前，最好多用几条毛巾，尽量将皮肤和毛擦干一些，然后再吹。

除了大热天之外，切忌让洗澡后的狗狗"自然风干"，这样很容易导致狗狗感冒以及皮肤病。

2. 吹干毛根

在吹干的时候，可以用手或者用针梳逆向梳毛，从毛根处吹风。要特别注意吹干毛根、腋窝、脚趾缝、肛门、外生殖器等处。

3. 温度适宜

注意温度不要调得太高，风筒不要离狗狗太近。建议将一只手放在狗狗需要吹风的部位，在给狗狗吹风之前，先往主人的手上吹一下，试一下温度，以不烫手为宜。

4. 降低噪声

由于狗狗的听力要比人类灵敏很多，所以尽量选用噪声小的吹风机。最好用干净棉球塞住狗狗的耳朵。

刚开始，狗狗听到吹风机的声音可能会害怕，主人要动作温柔而有力地固定住狗狗，先用低档（这样噪声小一些）从离狗狗稍远处吹风，让它感觉到舒适并安全后，再慢慢松开，加大风力。注意同时给一些零食作为奖励。

来福在吹风

三、增香

我的读者"Kimi爸爸"问：有些主人会给狗狗买狗用香水，这个真的需要吗？

首先，从狗的角度来说，完全不需要给它用任何香水。因为对于狗狗来说，腐肉的臭味才是它们的最爱。那些腐烂的动物尸体、消化不良的烂大便，都会让狗狗特别有在上面打个滚、沾上一身臭味的冲动。

其次，我比较担心的是长期使用那些劣质的宠物香水给狗狗带来的伤害。就是人类，也最好尽量少用各种化学合成的车用香水、空气清新剂等。

如果主人喜欢闻到一个香喷喷的狗宝宝，可以在给狗狗吹干毛之后，在自己的掌心滴上一滴温和的纯天然精油，抹在狗狗全身的毛上，一边抹一边给狗狗做按摩。这样狗狗就会把精油的味道和按摩的舒适感受联系在一起，从而爱上这种气味。

第三节 到宠物店给狗狗洗澡的注意事项

很多主人或许更愿意选择去宠物美容店给狗狗洗澡。但是，去宠物美容店一定要注意以下几点。

一、选择有爱心和耐心的美容师

很多狗狗对于去宠物店会感到害怕，如果美容师只为了挣钱，没有足够的爱心和耐心的话，很有可能为了节约时间而对狗狗采取暴力，轻的会造成狗狗以后见到宠物店就逃，严重一点的会导致狗狗的攻击行为，还有可能导致狗狗受伤甚至死亡！这几种结果，我身边的狗友都遇到过！真的不在少数。

二、注意保护眼睛和耳朵

宠物店更注意的是给狗狗洗得干净不干净，所以在洗头的时候不会像我们在家里一样小心，更容易造成脏水入眼和入耳。很多狗狗在宠物店洗澡后眼睛或耳朵发炎，就是这个原因。

所以，除了提醒美容师事先给狗狗的耳朵塞棉球进行保护之外，最好在每次洗澡后用洗耳油清洁耳道，用氯霉素眼药水滴眼。

三、最好自带沐浴露

一般的宠物店会使用廉价的沐浴露，质量很难保证。如果你无法确定宠物店使用的是不是质量可靠的沐浴露，那么最好自带。

四、避免噪声对狗狗的伤害

宠物店为了能让狗狗的毛快速干燥，一般会使用大功率的吹水机。吹水机的噪声比普通的吹风机要大很多，人站在旁边都会受不了，何况听力比我们人类灵敏那么多倍的狗狗。所以，主人要记得提醒美容师给狗狗塞上干净的棉球降噪。

五、避免感染皮肤病等传染性疾病

宠物店很容易传染疾病。

因此，首先要确保你家狗狗身体健康，而且疫苗齐全，才能去宠物店洗澡。

其次，要确认宠物店严格执行一狗一巾、每条毛巾都会消毒的措施，或者每次自带毛巾，以免传染上皮肤病。

总的来说，如果选择到宠物店给狗狗洗澡，主人一定要做个有心人。不要大大咧咧，随便把狗狗往美容师手里一塞了事。最好能全程围观。

正在洗泡泡浴的黑色贵宾（"妮柯妈妈"戴梦君拍摄）

第四章　挤肛门腺

　　近几年，随着宠物美容业的兴起，挤肛门腺似乎成了一道必需的美容程序。宠物主人们虽然对肛门腺不甚了解，但也因此或多或少听说过狗狗身上这个神秘的部位。

　　我家留下也赶时髦，从2015年8月开始，到11月初，短短2个多月的时间里，肛门腺连续发炎3次，搞得我焦头烂额。医生严肃地警告说，如果肛门腺发炎反复发作，就必须通过手术摘除肛门腺。而因为肛门腺的位置紧靠肛门，手术很容易造成肛瘘等后遗症。

　　后来留下的肛门腺终于恢复正常。在这个过程中，我到处搜集关于肛门腺的资料，现在也成了半个肛门腺专家。下面就跟大家分享一下我了解到的信息。大家了解一下，有备无患。

第一节 肛门腺的位置和作用

一、肛门腺的位置

　　狗狗的肛门腺，是一对梨状腺体，分别位于肛门两侧约4点钟及8点钟方向的皮下位置，左右各一个，且各有一个开口直接通到肛门。

　　在狗狗拉大便的时候，如果你注意观察，有时候可以看到外翻的肛门内侧、相应的位置上有两个黑点，那就是肛门腺开口。

　　肛门腺囊内储存着肛门腺液，有特殊的腥臭味。

　　所有猎食动物，如犬科动物、猫科动物，还有鼬科动物等，都有肛门腺。

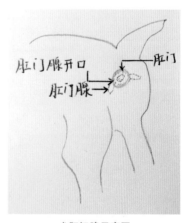

犬肛门腺示意图

二、肛门腺的作用

1. 润滑肛门

当狗狗排便时，肛门腺的开口会随着肛门的打开而打开，排出肛门腺液，润滑肛门，使狗狗在大便比较干燥时也能顺利排便。

2. 信息交流

狗狗每次排便时，都会对肛门腺进行挤压，在便便表面涂上一点肛门腺液。这样，它们的同类只要闻一下便便，就会知道刚才是谁从此地经过了。

我还记得留下有一次在闻了草地上某条特别粗大的狗便便之后，一脸惊恐的样子。显然它已经从这坨便便中嗅到了某种危险的信息。

此外，我们常常看到狗狗，尤其是陌生狗狗见面时，会首先互闻对方的屁股。其实它们就是在闻对方肛门腺所散发的独特气味，从而了解关于对方的一切信息，例如年龄、性别等。所以，肛门腺，就相当于狗狗的名片盒，而储存在其中的肛门腺液，就相当于它们的名片。

我家留下曾因为肛门腺发炎导致肛门腺处的皮肤上破了一个洞。村子里的几条公狗因此变得异常兴奋，拼命要闻破洞处的气味。

山山在警惕地闻大狗粪便

陌生公狗在闻来福的屁股

第二节 肛门腺异常的症状

由于种种原因，肛门腺及其开口有时会发生堵塞，严重时会导致肛门腺炎、肛周炎，引起增生等。

当肛门腺堵塞时，狗狗会做出臀部着地、在地上蹭屁股的奇怪动作。

此外，有的狗狗还会做出回视臀部、企图去咬尾巴根部的动作。这些动作都是为了缓解肛门腺堵塞造成的不适感觉。因此，若看到你家狗狗做出此类动作，就要警惕是不是肛门腺堵塞了。

如果肛门腺堵塞没有及时处理，就会造成肛门腺发炎。发炎初期，狗狗会因为肛门部位疼痛而不敢用力大便。主人看到的情况就是狗狗做出了拉大便的姿势，却没有拉出大便。同时，当主人碰触其尾巴根部或者肛门部位时，狗狗也会因为疼痛而做出咬人的动作。

炎症进一步发展，就会在肛门腺位置（通常是一侧）产生脓肿。脓肿处皮肤发红、肿胀，手摸上去柔软、发烫。此时狗狗会不停地回头舔舐脓肿部位，最终会导致脓肿破溃，流出带脓的血水以及黑褐色的肛门腺积液。

来福在回头咬尾巴根部

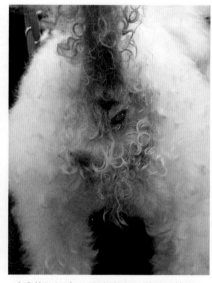

破溃的肛门腺（"妮柯妈妈"戴梦君拍摄）

第三节 肛门腺堵塞的原因及预防

下列原因容易导致肛门腺堵塞。

一、品种原因

一般来说，小型犬比大型犬更容易发生肛门腺堵塞的情况。

然而同样是小型犬，我家其他狗所有的饮食以及起居情况都和留下一模一样，从来没有挤过肛门腺，也没有发生过肛门腺问题。

经过仔细观察后我发现，留下正常情况下排出的肛门腺液就是比较黏稠的，呈牙膏状，而其他狗狗的肛门腺液都很稀薄，呈水状。这应该就是在同样情况下，留下比我家其他狗容易发生肛门腺堵塞的原因。

所以，如果你家狗狗的肛门腺液和留下一样，比较黏稠，就要特别注意了。

二、运动量不足

因为肛门腺液需要靠臀部肌肉的力量挤压才能排出，平时缺乏锻炼、臀部力量不够的狗狗就容易造成肛门腺积液，引发肛门腺堵塞。

相对来说，主人更容易忽视小型犬的运动。有很多小型犬甚至长期被圈养在家中不能出门撒野。这可能也是造成小型犬比大型犬肛门腺堵塞的发生率更高的重要原因。

如果运动量太少，大型犬也有可能发生肛门腺堵塞的情况。我认识的一条金毛猎犬，在六七岁的时候，就曾发生过肛门腺破溃。究其原因，极有可能是它由于髋关节有问题而很少运动造成的。

所以，如果没有特殊情况，应尽量让狗狗每天有至少半小时的运动时间。

三、大便过软

经常拉软便、烂便的狗狗，因为长期大便时不需要做出挤压的动作而容易造成肛门腺积液。所以，保持狗狗大便成型、软硬适中非常重要！

四、食物中动物脂肪含量过高

如果狗狗食物中动物脂肪含量过高的话，会使肛门腺液浓度增加、接近固化而无法主动排出体外，造成堵塞。

在2015年8月的时候，留下肛门左侧位置突然长了一个直径2厘米左右的脓肿，并因为自己舔舐而破溃。医生诊断是肛门腺发炎。消炎治疗十几天后痊愈。

到了10月初，右侧又长了一个直径1厘米左右的脓肿。这次有了经验，赶紧请医生挤肛门腺，但是却挤不出任何液体，而留下却被挤得疼痛难忍。只好等破溃之后继续消炎治疗。但痊愈之后没多久，又再次发作。去医院后，医生还是挤不出任何液体。

10月中旬，趁留下做绝育手术麻醉之际，我请主刀医生再检查一下肛门腺。这次，因为没有被咬的顾虑，估计医生是下了狠手，挤出了一堆黑乎乎的淤泥状东西来给我看。医生说，这说明留下的饮食中脂肪含量过高，造成肛门腺液几乎固化，当然也就无法排出了。

回想起来，从那年6月起，我每天给它吃的自制饭食中的确含有较多的鸡鸭脂肪。

> **医生开出的药方是：**
> - 减少食物中动物脂肪的含量。
> - 每天服用一粒深海鱼油丸，补充 ω-3 不饱和脂肪酸，调整油脂比例。
> - 多晒太阳（有助于脂肪的转化）。

因此，给狗狗自制饭食时，要选用瘦肉，尽量少添加或不添加动物脂肪。

五、缺少日照

医生告诉我，对于容易发生肛门腺堵塞的狗狗还要注意让它多晒太阳，因为充足的日照能有助于脂肪在体内转化。

留下因为老是跟在我身边，我又经常坐在家里写作，所以晒太阳的时间的确比较少。

六、人为过分挤压肛门腺

肛门腺刚堵塞的时候，如果及时进行人工挤压，排出积液，就不会造成肛门腺发炎了。但是如果挤压过于频繁，或者用力过大，也会造成肛门腺损伤，从而产生炎症。

现在宠物店在给狗狗洗澡的时候，一般都会提供免费挤肛门腺的服务。主人要注意提醒美容师不要用力过大，同时，不必要的时候就不要挤肛门腺。

一般来说，如果注意了上述所有事项，并不需要经常地去挤肛门腺。

七、留下的状况

听取了医生的建议后，我对留下采取了以下几条措施：

- 立即停止往食物中添加动物脂肪。
- 每天一粒深海鱼油丸，连续吃了两个月。后来因为价格昂贵，改成在食物中添加一小勺三文鱼油或者花生油等富含多不饱和脂肪酸的食用油。
- 经常让留下晒太阳。

采取了以上措施后，留下的状况：

从2015年10月开始，到2016年8月我写这些文字时，已经连续10个月没有人为挤过肛门腺，一切正常。其间，有时可以在排便时观察到有少量黑褐色的牙膏状肛门腺液自动从肛门腺开口排出。

后来，我会在留下排便的时候，偶尔帮它挤一下肛门腺，有时能挤出2~3厘米长的一条牙膏状肛门腺液，有时没有。挤的频率2~3个月1次。直到2019年10月24日留下去天堂为止，肛门腺发炎再也没有复发过。

需要说明的是，留下每天的运动量比较大，而且长期吃我做的自制饭食和生骨肉，大便的软硬程度一直都很好。所以这两个方面没有进行特别的调整。

第四节 如何挤压肛门腺

一、为什么要挤肛门腺

如果因为种种原因，狗狗的肛门腺液无法及时排出，就有必要人工帮助狗狗挤压肛门腺，以排除积蓄的肛门腺液，防止肛门腺堵塞并造成发炎。

二、什么时候该挤肛门腺

1. 当主人发现狗狗的肛门腺异常，但还没有破溃时，可以采用人工的方法挤压肛门腺，帮助狗狗排出积蓄的肛门腺液。

2. 也可以在给狗洗澡时预防性地定期挤肛门腺。

要注意的是，正常情况下，不要过于频繁地挤肛门腺，以免损伤肛门腺。一般最多2个月清理一次就可以了。

但是，狗狗如果长期排软便，或者长期缺乏运动，就容易造成肛门腺堵塞。在这种情况下，对肛门腺的清洁周期就要相对短一些。

比较好的办法是，在狗狗刚挤过肛门腺后用手指去触摸狗狗的肛门腺部位，感受排空后的肛门腺是怎样的。经常这样用手检查狗狗的肛门腺，你就会有手感，当狗狗肛门腺液积蓄过多时，用手就能感觉出来皮下有点硬硬的，那个时候就应该帮助狗狗挤肛门腺啦。如果没有异常，就完全不需要挤肛门腺。

三、如何挤压肛门腺

首先用左手握住狗的尾根部，露出肛门口；右手拿卫生纸，直接贴住肛门口，以右手拇指和食指按住四点钟和八点钟部位的肛门腺体，向内挤压后向外揉拉，就会有肛门腺液排出。反复挤压2~3次后，肛门腺液就可排空。挤压的时候注意别过度用力，以防造成肛门腺损伤而发炎。

第一次最好到宠物医院请医生示范如何正确挤压肛门腺。

挤肛门腺（李华拍摄）

第五章　掏耳朵

第一节　为什么要给狗狗掏耳朵

狗狗在洗澡的时候有可能会让脏水进入耳道，如果不及时清洁，容易引起耳道发炎。此外，狗狗的耳道容易积聚油脂、灰尘和水分，尤其是垂耳犬，下垂的耳郭和耳道附近的长毛经常把耳道盖住，耳道内空气流通不畅，特别容易藏污纳垢。不干净的耳道还容易成为各种病菌和寄生虫的温床。

所以，每次洗澡后，顺便给狗狗清洁一下耳朵是很有必要的。

第二节　如何给狗狗掏耳朵

一、耳道结构

狗狗的耳道呈L形，鼓膜在L形短线的最末端，所以在给狗狗掏耳朵时，不用担心会损伤鼓膜。

二、洁耳药物及工具

1. 洁耳液/滴管瓶

可以选用婴儿油、橄榄油或者宠物专用洗耳水作为洁耳液。

建议在网上买一个滴管瓶，把婴儿油或者橄榄油分装在瓶中，需要时，可以很方便地用滴管滴入耳中。

耳道中的分泌物是油性的，油性物质和油性物质是相溶的，所以可以用前面说的几种安全又便于得到的油作为洁耳液。当然也可以选用质量可靠的宠物专用洗耳水。

滴管瓶

2. 洁耳棉条

尽量不要使用棉棒给狗狗掏耳朵！因为棉棒，尤其是中心为木制或者塑料制的棉棒，比较硬，容易伤害狗狗娇嫩的耳道皮肤，狗狗也会因为感觉不舒服而抗拒。

最好使用止血钳自制棉条。制作方法如下：

第1步，把少量药棉铺平。　　第2步，用止血钳夹住药棉的　　第3步，用药棉顺着一个方向
　　　　　　　　　　　　　　　　约1/3处。　　　　　　　　　　将止血钳紧紧卷住。

这样制作好的棉条，露在止血钳外面的部分里面没有硬质的内芯，所以不会损伤狗狗的耳道。如果无法制作止血棉条，可以直接用医用棉球，或者用纸芯的婴儿棉签代替。

三、洁耳方法

1. 耳朵干净的

如果狗狗耳朵非常干净，只是有可能洗澡或者游泳时进了水，那么只要用止血钳做好的棉条，由浅入深地伸到耳道里旋转几下、擦干就可以了。

2. 耳道内比较脏的

如果狗狗耳道内比较脏，可以先将洁耳液滴入耳道，然后将耳郭折过来，盖住耳孔，用手在耳根处轻轻挤压几下，然后将狗狗松开。这时狗狗会用力摇头甩耳，把耳朵里的脏水甩出来。最好在便于打扫的地方进行这项工作。等狗狗甩好后，再用干净的止血棉条擦拭干净耳道。

擦拭的时候，要贴着耳道壁，由里及外，顺着一个方向擦拭，不要来回擦。擦完一遍的棉条即丢弃，换新的继续擦拭，直到基本看不到污垢为止。

3. 狗狗抗拒怎么办

刚开始掏耳朵时，狗狗可能会抗拒。因此，要先用药用棉球或者纱布轻柔地在耳郭处擦拭，等狗狗安静下来，再进入耳道擦拭，并且不时地给予零食奖励。慢慢地，狗狗就不会再反抗了，甚至还会很享受呢！

4. 不要过于频繁

注意不要过于频繁地给狗狗掏耳朵，一般情况下，每次洗澡后清洁一次就足够了。

第六章 **剪脚指甲**

现在的宠物狗在送到宠物店美容时，往往会有修剪脚指甲这个项目。有些主人也会买来指甲剪，自己给狗狗修剪。关于给狗狗剪脚指甲，我们应了解以下内容。

第一节 为什么要给狗狗剪脚指甲

狗狗的祖先——狼或者农村散养的土狗可是从来没有享受过这项服务的，它们也不需要。因为每天在户外奔跑，脚指甲会自动磨损，根本不需要修剪。

而宠物狗，尤其是一些长期关在家里、很少外出的小型犬，或者即使外出也基本上都是在柔软的草坪上活动的狗狗，脚指甲不会自动磨损，越长越长，最后会弯曲嵌进肉里，造成发炎，或者在不小心踢到水泥、石块等硬物时容易整个指甲翻起受伤。对于这些狗狗，就需要主人帮助定期修剪脚指甲。

反之，如果你家狗狗每天都外出散步，而且有机会在水泥路等硬路面行走，那么绝大多数是不需要修剪脚指甲的。

第二节 什么时候该给狗狗剪脚指甲

狗狗的脚指甲跟人一样，分为两部分。靠近脚趾的一部分一般呈粉红色，里面布满了血管，俗称"血线"。如果不小心剪到血线的话，就会出血，狗狗也会感到疼痛。远离脚趾的一部分一般呈透明状，没有血管。

如果发现透明部分的脚指甲长得过长，已经弯曲，或者接近弯曲，就需要修剪一下了。否则完全没有必要修剪。

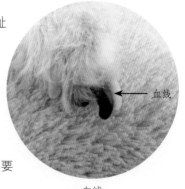

←血线

血线

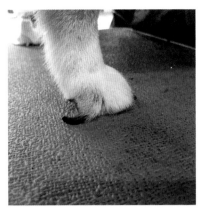

生长过度而弯曲的脚指甲（"妮柯妈妈"
戴梦君拍摄）

来福的黑色脚指甲

来福的狼趾

也有的狗狗整个脚趾都是黑色不透明的，无法判断血线的位置。对于这种脚指甲，要特别小心，只要把弯曲部分剪掉即可，千万不要剪得过深，以免剪到血线。新手可以买带有LED灯的指甲剪，容易看清血线的位置。

需要特别注意修剪的，是狗狗的"狼趾"。狗狗通常每个脚爪有4个脚趾，有的狗狗会在靠近脚腕处（前后肢都有可能）多出1~2个脚趾，一般称为"狼趾"，或者"悬趾"。顾名思义，"悬趾"一般不着地，因而脚指甲磨损慢，主人不注意的话，很容易因为长得过长，而在运动中被异物挂住、撕裂，或者弯曲嵌入肉中。

第三节 如何给狗狗剪脚指甲

1．准备指甲剪和零食
首先要准备一把狗狗专用的指甲剪，同时还要准备好奖励用的零食。

2．狗狗准备好
小型犬可以抱在身上，中大型犬的话要让狗狗坐下或者躺下。

3．先适应
刚开始不要急于剪，要先让狗狗适应剪脚指甲的动作：一只手握住狗狗的爪子，另一只手拿着指甲剪在爪子上方"空剪"，即做出剪的动作和声音，但并不碰到狗狗的脚趾。每"空剪"一下就给狗狗一个零食奖励。"空剪"几次之后，如果狗狗没有反抗，可以先剪1~2个脚趾，每次剪完后给予奖励。然后结束。

4．正式修剪

过一两个小时后，再重复第3点的动作。这次可以减少"空剪"的次数，如果狗狗表现比较安静，可以在"空剪"1~2次后即进入正常修剪。在修剪时注意观察狗狗，如果狗狗做出龇牙、皱鼻的"警告"表情，则应立即停止修剪的动作。

5．注意事项

注意不要过度修剪，透明部分脚指甲至少应长出粉红部分5毫米左右。如果修剪得太短，狗狗在硬质路面上行走时，容易因为脚指甲磨损而出血。

指甲剪

给来福剪脚指甲

第七章 剃毛

当夏天来临的时候，很多主人喜欢把狗狗的毛全部剃光，认为这样能让狗狗感觉凉快。然而兽医却通常建议不要给狗狗剃毛。那么剃毛对狗狗到底好不好呢？

第一节 狗狗是如何调节体温的

宠物的毛皮外套冬暖夏凉，夏季用来隔热，冬季用来保暖，起到了保护躯干和内脏不受环境温度影响的作用，能让狗狗在极端天气中感觉舒适。而且狗狗会通过换毛来自动调节外套的厚度。每年春末夏初，狗狗就开始大量掉毛，尤其是双层毛的犬种，会脱掉大量的底层绒毛，相当于脱掉毛衣，剩下一件外套。而到了秋末冬初，又开始新生大量的毛，在外套里面又加上一件厚厚的毛衣。

小白和从它身上梳下来的死毛

此外，狗狗不会像人类一样流汗。它们主要是通过吐舌头呼气，以及爪子出汗来降温的，因此厚厚的毛皮外套并不会影响狗狗的降温过程。

第二节 可以把狗狗的毛都剃光吗

把狗狗剃得光溜溜的做法肯定是不好的。因为容易导致下列问题

1. 中暑或者着凉

狗狗被剃光毛之后，没有了保温层，天然调温系统遭到破坏，在夏季户外的高温下，反而更容易因过热而中暑。

中暑症状：呼吸困难、过度喘气、流口水、虚弱、昏迷以及心率加快。还可能出现抽搐、呕吐、体温升高超过40℃以及腹泻带血等症状。

热得吐舌头的小白

同时，夏天狗狗喜欢趴在地板或者地砖上，再加上家里常开空调，剃毛后很容易造成狗狗感冒、肠胃炎等问题。

有人说，那我给它剃光了毛，然后再穿件衣服不行吗？我只能说，剃毛后穿衣服的确能起到一定的补救作用，然而，狗狗不会说话，你怎么知道你给它穿的衣服厚度刚刚好呢？有句话叫作"你妈觉得你冷"。很多主人给人类的小宝宝穿的衣服都不合适，或者穿太多，或者穿太少，何况是另一个物种的汪星人呢？此外，如果24小时给狗狗穿着不透气的衣服，还容易导致皮肤病哦。

2. 晒伤和皮肤癌

狗狗厚厚的毛能防止它们被紫外线晒伤，并且保护它们不容易得皮肤癌。剃光了毛，显然就失去了这层天然的防护层。

3. 蚊虫叮咬

狗狗的毛，还能保护它们不受蚊虫的叮咬。而被剃得光光的狗狗很容易招致蚊虫的叮咬。如果主人不注意的话，狗狗会因为瘙痒而用爪子抓挠，继而导致皮肤破溃感染。

4. 破坏毛囊

贴皮剃毛很容易损伤毛囊，造成新生毛生长缓慢、生长不均，甚至局部停止生长等各种问题。我家小区里的一条京巴，年轻的时候，主人每年夏天都给它剃光，结果到了10岁以后，身上很多地方都长不出毛来，看上去像瘌痢头，必须要穿衣服遮丑才能出门。

5. 打架更容易受伤

现在城市"狗口"的密度越来越大，出门遇到别的狗，一言不合，就容易打架斗殴。这时狗狗身上长长的被毛就成了它们的保护伞。如果争斗不是特别厉害的话，往往就是被咬掉了一撮毛而已。但如果失去了毛的保护，那么即使是很低级别的斗殴，都极容易造成狗狗受伤。

所以，如果不是为了治疗皮肤病等特殊情况，最好不要把狗狗的毛全部剃光。

第三节 剃毛时要注意什么

> 如果你为了美观、减少掉毛等原因，希望给狗狗剃毛，那么要注意以下几点

1. 请至少为它们保留1厘米以上的毛

这样可以很大程度上防止发生上述问题。

2. 注意剃刀要散热

电动剃刀的刀口只要连续使用几分钟就会发热，伤害狗狗的皮肤。因此，局部需要贴着皮肤剃毛时，要注意使用几分钟后先关闭剃刀，等刀口散热后再剃。

3. 敏感部位尽量不要使用剃刀

例如狗狗的眼皮、外生殖器和肛门附近。这些部位的皮肤很薄，如果用剃刀贴着皮肤剃除这些部位的毛，很容易使皮肤过敏。这些部位的毛最好用剪刀修剪。

剃成"寸头"的泰迪（"妮柯妈妈"戴梦君拍摄）

4. 冬夏季节脚垫上的毛不要剃

当狗狗行走在过热或过冷的地面时，这些毛可以保护狗狗的脚垫不被烫伤或者冻伤。

5. 选择有爱心和耐心的美容师

最后一点，也是最重要的一点，和洗澡一样，如果你选择去宠物店给狗狗剃毛，一定要注意选择有爱心和耐心的美容师，避免狗狗遭受暴力。

第一次美容时，主人最好能在附近全程观察，并拜托美容师不时地给狗狗一点零食奖励。

第八章 按摩和全身检查

第一节 为什么要给狗狗按摩

按摩能让狗狗全身放松，感觉舒适，促进血液循环，调节身体免疫力，还能加深人与狗狗之间的感情。更重要的是，在按摩的时候，因为狗狗特别放松，会允许主人触及身体的各个部位，所以正好可以借此机会：

1. 训练狗狗适应人类手的触摸

按摩可以训练狗狗允许主人用手触碰自己身体的各个部位，尤其是一般不愿意让别人碰的地方，例如尾巴、脚掌、腹部等。这样可以为将来万一需要检查这些部位的时候做好准备。

2. 给狗狗做个全身检查，尽早发现健康问题

经常检查狗狗的身体，可以在第一时间发现并处理它的病痛。狗狗放松享受按摩的时候，是给它做个常规体检的最佳时机。要检查的内容包括：

眼睛、耳道、鼻子、口腔、肛门、外生殖器、脚爪、皮肤、毛等是否一切正常，特别注意狗狗身上是否有跳蚤等体外寄生虫，是否有外伤，是否有皮肤病，母狗是否开始发情等。具体方法参见第67页"狗狗健康状况的日常观察及处理"。

第二节 如何给狗狗按摩

一、全身按摩手法

我家留下已经有了多年被按摩的经验，后来简直成了个"小腐败分子"。只要跟它说声"留下，按摩了"，它立刻就会肚皮朝天翻倒在我面前等待。如果一直按摩一个部位，它还会主动翻身，提醒我按摩另一侧。所以，我作为资深"按摩师"，现在已经总结出一套狗狗特别喜欢的全身按摩手法：

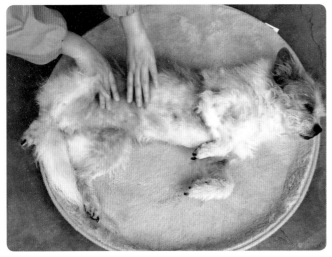

第1步，让狗狗四脚朝天仰卧。

第2步，先用大拇指以按压转圈的方式按摩太阳穴。

第3步，接着顺着鼻子往头顶的方向按摩印堂。

第4步，再用手指肚轻轻敲打头部，尤其是头顶的百会穴，放松头部。

第5步，然后依次按摩脖颈两侧、腋下、胸部以及大腿根部。这些部位分别是颈部淋巴、腋下淋巴、胸腺淋巴以及腹股沟淋巴的所在处，经常按摩能提高身体免疫力。

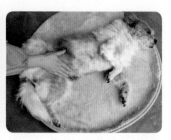

第6步，按摩到腋下和大腿根部时，一手按摩，另一只手握 第7步，再用手掌绕圈按摩
住狗狗的脚爪，轻轻拉伸四肢，帮助狗狗做伸展运动。 腹部。

第8步，让狗狗翻身成俯卧，用大拇指和食指沿脊柱两侧由上
往下轻捏，感觉凹陷的部位就是穴位，在穴位处多捏几下。

第9步，最后用空心掌由上往下轻轻敲打背部及腿部肌肉，
做个全身放松运动。

在这个过程中，留下会舒服地闭上眼睛打呼噜，按摩
结束还会抖一下毛，非常享受！你可以根据情况，选择如
何给你家的宝贝按摩。

二、按摩注意事项

1. 按摩要由轻及重，动作要缓慢，随时注意"顾客"的反应

按摩时一定要注意观察狗狗的表情，如果狗狗慢慢地闭上眼睛，全身肌肉放松，说明
你按摩得不错，狗狗很享受。如果狗狗开始皱鼻子、龇牙、肌肉僵硬，就要立即停止动
作，你有可能弄痛它了！

2. 精油辅助

在手上搽点精油再给狗狗按摩，不但可以让狗狗闻起来香喷喷的，还可以让狗狗以后
闻到这种气味就会浑身放松。

要注意选用温和的精油，一般来说，洋甘菊、薰衣草、茶树、桉树精油比较适合。如
果要选用其他的精油，最好先咨询一下医生。

第九章 未雨绸缪话寄养

宠物狗的寿命可达13~17岁。在狗狗这长长的一生中，主人难免会因为需要出差、旅游、回老家等原因而暂时无法照顾狗狗。因此，主人需要提前为此做好充分的准备，这样才能保证自己和狗狗分离期间，狗狗的安全和幸福。

第一节 寄养方式

主人可以根据情况，选择以下几种寄养方式之一。

认"干妈"	在狗狗来到家里之后，就帮它找一个喜欢它的"干妈"。平时经常带着它到"干妈"家玩，并且对它进行分离训练，即先短时间地把它留在"干妈"家（从5分钟到10分钟、30分钟），再长时间地离开（1小时、2小时、3小时，甚至过夜）。每次和它重逢，都给它奖励。这样，等到需要的时候，你就可以放心地把它托付给"干妈"啦！
找"保姆"	如果找不到合适的"干妈"，那么找一个可以上门来给狗狗喂食并带它出门散步的"保姆"是第二选择。 主人出门，对于狗狗来讲是一件充满了"危险"的事情，因为不知道什么时候能再见到主人。这时，如果能让它待在自己熟悉的家里，会让它感觉安心。 这个"保姆"可以是你家的钟点工，也可以是喜欢狗狗的邻居，或者是可信的专业的"遛狗员"（上门帮人遛狗的人员）等。但关键也是要提前让你选定的"保姆"和狗狗熟悉，跟你一起带它出门散步，这样等真正需要的时候，才不至于出现狗狗不肯跟"保

姆"出门，或者"保姆"无法掌控狗狗的尴尬局面，甚至狗狗伺机逃跑的危险状况。

找寄养家庭 >

如果前两种方法对你来说都无法实现，那么还有第3种比较好的选择，就是找一个收费的寄养家庭。

建议主人提前带狗狗上门实地考察一下寄养家庭的环境，特别是寄养人对狗狗的态度，以及养狗的经验等。如果寄养家庭本身有狗狗的话，还需要考察两条狗狗是否能友好相处。考察合格后，在可能的情况下，也尽量提前带狗狗到寄养家庭短期寄养，熟悉环境和寄养人。

找训犬学校 >

也可以找声誉好的训犬学校。这些学校一般都会提供寄宿服务。如果主人需要离开较长时间，还可以乘此机会顺便让狗狗上个学。有些好的训犬学校会有大草坪、游泳池等狗狗的活动设施，对于一些精力旺盛、外向的狗狗来说倒也是一个不错的选择。尽量在网上多了解网友评论。当然，主人最好也能事先带狗狗考察、熟悉一下学校的环境以及管理员、教练。观察管理员是否爱狗，对狗狗是否有耐心至关重要。

找宠物店 >

实在没有办法，那么就只能找宠物店寄养了。但是，宠物店一般都是24小时关笼子里的，而且是很多陌生狗狗挤在一个狭小的空间，对于狗狗来说，不但是一种比较恐惧的经历，也很容易感染传染病！如果不是万不得已，最好不要找宠物店寄养！

如果不得不找宠物店，那么也最好能找一家每天能定时带狗狗外出大小便、放个风的。否则，狗狗如果被迫在自己睡觉的笼子里大小便，回家后就很有可能养成随地大小便的坏习惯。

第二节 寄养注意事项

1. 提前让狗狗熟悉环境和寄养人

之所以把这一章起名为"未雨绸缪话寄养"，就是想提醒主人一定要早做准备，尽早考虑好寄养方案，并尽可能地让狗狗多熟悉新的环境和寄养人，这样才能避免真正需要寄养时主人的焦虑情绪，以及因为陌生环境带给狗狗的不安全感而造成狗狗抑郁、走失等状况。

2. 寄养前确保狗狗打好疫苗

除了认"干妈"和找"保姆"两种情况之外，狗狗都有可能会处在一个有很多狗狗的环境中，尤其是找训犬学校和找宠物店寄养。为了避免狗狗在寄宿中传染上疾病，必须要确保狗狗打齐疫苗至少3周后再寄养。

必须要提醒读者的是，如果你家狗狗是从宠物店买来的，而卖主告诉你已经给狗狗打好疫苗时，千万要谨慎，因为很多无良商家会在幼犬的年龄以及是否打齐疫苗的问题上欺骗客户。

如果你没有确切的证据证明狗狗已经打齐疫苗，那么最好到有条件的宠物医院做个抗体的滴度测试。如果测试结果表明狗狗体内已有足够的抗体，那么就可以放心。否则的话，就需要重新给狗狗按标准程序进行免疫后再寄养。

6个月以下的幼犬尽量不要找有多条狗的环境寄养。

宠物寄养场所的游泳池
（上海"玫瑰园"友情提供）

II

健康
管理

第一章 如何科学管理狗狗的健康

第一节 提早了解宠物医院

一、需要提前了解的信息

主人最好及早了解自己所在城市的宠物医院情况，这样在狗狗生病的时候就不至于乱了阵脚，也可以尽量避免将狗狗送到经验不足的医生那里，贻误病情。主人可以通过上网以及和狗友交流了解以下情况：

- 离家最近的医院有哪些。哪些医院有24小时急诊服务。
- 所在城市有哪些口碑较好的大医院，什么医院适合看什么病。现在的宠物医院也开始逐渐分化。像上海就有擅长骨科、眼科、内科、皮肤科等不同领域的宠物医院和医生。
- 相关医院医生的姓名及口碑，各家医院的地址和电话。
- 医院大致的收费情况。

二、如何选择合适的医院

最基本的常识，是要选择"证照齐全"的正规医院。医院要有"诊疗许可证"，医生要有"执业兽医资格证"。

有些没有行医资质的宠物店和个人也会开展例如打疫苗、做绝育手术之类的"简单"的医疗项目，但是我建议大家不要去。因为就算他们的确掌握了打疫苗和做绝育手术的技术，但一旦发生意外，就很有可能因为缺乏急救知识，或者缺少急救设备和药品，而导致无可挽回的遗憾。

我把那些正规的宠物医院大致分成三类："社区医院""区级医院"和"三甲医院"。不同的医院可以满足不同的需求。

"社区医院"	>	离家近；规模小，没有独立的手术室（或者有手术室，但是设备简陋、卫生条件差），没有独立的诊疗室，没有化验、X光、B超等专门的检验区域和检验设备；医生数量少，通常只有1~2名有执业资质的医生；价格相对比较低。
"区级医院"	>	离家比较近；规模中等，有独立的手术室（有手术台、麻醉机等基础设备，整洁干净），1间以上的独立诊疗室，专门的化验区域、X光室和B超室；3名以上有执业资质的医生；价格中等。
"三甲医院"	>	规模较大，有独立的手术室（有标准手术台、无影灯、麻醉机、心率血压监护设备等配置，无菌级别较高）；2间以上的独立诊疗室、住院部，独立的化验室、X光室、B超室，甚至核磁共振室等；3名以上有执业资质的医生；价格较高。

一般来说，"社区医院"因为方便、价格低，比较适合给狗狗打疫苗；处理普通的皮肤病；不必手术的外伤处理；第一时间急诊接诊等。

而一些普通的内外科疾病，简单的外科手术，例如绝育手术等，则至少应该选择"区级医院"。

如果遇到复杂的内外科疾病，难度较高的外科手术，例如骨科、开胸、心脏手术等，在经济条件允许的情况下，最好选择"三甲医院"。

"三甲"宠物医院的CT设备
（上海信科动物医院友情提供）

三、如何选择合适的医生

我们在选择宠物医院的同时，更重要的是要选择好的医生。

从某种角度来说，如果医生足够好，那么"区级医院"也可以上升到"三甲医院"。相反，现在由于资本的进入，很多宠物医院都成为硬件条件比较好的连锁医院，但是，因为没有很好的医生，虽然在硬件上达到了"三甲"标准，但从软件来说，最多也就是一个"区级医院"。

此外，即使是在大医院，也有缺乏经验的小医生。所以，为了狗狗的健康，最好能事先了解不同医生的姓名和口碑，万一真的需要带狗狗去看病，可以从容地指定较有经验的医生。

我根据多年带家里毛孩子看病的经验总结了以下几个标准，用来判定宠物医生的好坏，供大家参考：

看学历和专业 >	虽然学历不代表一切，但是本科以上学历的，尤其是有留学或者国外工作经历的宠物医生，相对来说基础知识比较扎实，专业水平还是比一般专科学历的医生要高一些。 目前来说，中国农业大学在国内动物医学专业综合排名应该算是第一块牌子了。 所以，如果你选择的宠物医生是中国农业大学动物医学专业毕业的学士、硕士、博士，那么可信度就已经比较高了。 当然，除了中国农业大学，还有其他的一些农业大学的动物医学专业也都是不错的，大家可以自己上网了解一下。
看年龄和工作经验 >	和人医一样，工作经验的积累是成为一个优秀的宠物医生的必要条件。所以，相对来说，年龄越大，工作时间越长，经验也越丰富。工作经验的积累，也可以在一定程度上弥补学历的不足。
听病情分析 >	问医生一些问题，例如什么原因可能导致这种病症，准备采取什么治疗方案，为什么要采取这样的治疗方案，可能的预后情况如何等，医学功底深厚的医生不仅能知其然，还能知其所以然，因此能回答得条理清晰且详尽，让人有很大的信任感。医生水平的高低，这时候往往就能看出来。
看口碑 >	很多人在选择宠物医院和医生的时候，会上"大众点评"等网站查询，但事实上，这类网站上的评论只能作为一个参考，因为有些会营销的医院会雇佣"水军"写一些不实的评论。当然，如果你仔细分辨，还是很容易看出"水军"和真实宠物主人写的评论是不一样的。通过朋友或各种宠物群了解医生的口碑会更有帮助。

在这里我必须隆重推荐一下我的老师凌凤俊，他从事宠物医疗30多年，有着极其丰富的临床经验，我和朋友的宠物遇到的各种疑难问题，都是凌老师妙手回春解决的。例如，我家的猫咪小花患慢性中耳炎久治不愈，找了知名的皮肤病专家，花了好几千元钱也没能根治，最后还是凌老师一下子就确诊是耳道息肉搞的鬼，果断做了垂直耳道改造手术，拔除息肉，终于治好了小花缠绵近一年的中耳炎。我家小黑，原来是杭州天目山农民家的狗，我带它去当地医院做了绝育手术，但是没想到绝育后多次发情。我带到上海找凌老师，凌老师判断很有可能是卵巢没有摘除导致的，直接开腹二次手术探查，果然，大海捞针似地找到了两个黄豆大小的完整卵巢，这才终于绝了后患。这样的例子，数不胜数。

在跟诊学习的过程中，我亲眼见识了凌老师超群的医术，深深地感受到他对小动物的耐心和爱心。在我观摩期间，他诊治大量疑难杂症，其中有很多是转院过来的，包括慢性中耳炎、肾衰、慢性心脏病、椎间盘突出手术、十字韧带修复手术（TPLO）、髌骨异位手术、骨折固定、胸腔手术等。

真心希望所有的毛孩子们都能像小花和小黑这么幸运，能找到像凌凤俊老师这样有经验的医生帮助它们减轻和解除病痛。

四、兼听则明

最后，也是相当重要的一点：对于疑难杂症，不妨多听取不同医生的意见。不要担心这样做会让医生不开心。

首先，狗狗的生命和健康是最重要的。

其次，没有一个医生是万能的，如果你把其他医生的意见转告给狗狗的主治医生，也许能给他带来灵感。

同时，对于不是专业学医的主人来说，在比较过不同的医生之后，能更容易判断出把狗狗的命运交到哪个医生手里才是最可靠的。

第二节 狗狗健康管理的原则

一、狗狗健康管理的原则

预防重于治疗，早发现、早诊断、早治疗是狗狗健康管理的原则，其实也是我们人类自己健康管理的原则！

狗狗不会说话，耐受力又比人类强，因此，如果主人很忙，或者不够细心的话，等发现狗狗有生病症状时，往往病情已经比较严重了。其实，不会说话的狗狗，是会通过很多日常生活的细节告诉主人：我病了！

为此，我特意设计了下面这张《宠物健康管理表》，把和狗狗健康相关的事项罗列出来。主人如果能每天注意观察表中所列内容，并花上2分钟时间记录，那么一旦出现异常情况就能在第一时间察觉，而且容易追根溯源，判断出造成异常的原因；需要就医时，也能为医生做出准确的诊断提供很好的帮助。早发现，早诊断，是治疗的关键。

这张健康管理表中，每一项内容的异常，都有可能和狗狗的健康息息相关。例如饮水量的异常增多。如果不是因为天热或者运动，以及饮食（和吃湿粮相比，狗狗在吃颗粒狗粮等干粮后饮水量会明显增加）等方面的原因，那么就要警惕狗狗是否生病了。因为有很多疾病，例如糖尿病、肾病以及母狗子宫蓄脓症等，都会伴随多喝水的症状。又例如排尿次数突然增多、体重突然减轻等，也有可能是某种疾病的症状。

每天对狗狗进行例行体检，也能便于主人及早发现狗狗身体上的异常状况。就我个人的经验来说，我就曾通过日常体检及时发现了我家留下的肛门腺因发炎而红肿（有许多主人往往会等到肛门腺破溃、发出臭味才发现异常）；留下的皮肤上有个小的脂肪瘤；小白的外耳有异常分泌物及轻微红肿；小白的下眼睑肿起；来福的皮肤有瘙痒的刺激症状（查看记录发现是食物过敏导致）等。所有这些情况，因为我的及时发现，都很轻易地被消灭在萌芽状态了，有些情况甚至不需要就医，我自己就轻松处理了。

要能及时发现狗狗身体所发出的异常警告，熟悉什么是健康的状态，是非常重要的，尤其是对于以前没有养狗经验的新手来说。例如，狗狗皮肤黏膜苍白有可能是贫血的表现。但是，如果你不了解狗狗正常的黏膜颜色，当黏膜变苍白时，很有可能你根本意识不到。所以，对于不是医生的宠物主人来说，最简单的办法就是，当你收养一条狗狗时，先让医生做个全面体检，确认它处于健康的状态，然后按照表中所有项目，每天仔细观察，对于它的健康状态了然于心。这样，一旦狗狗出现异常，你就能立即觉察。

最后一点，也是最重要的一点：狗狗虽然不会说话，但是它的眼神、表情和行为也都会告诉我们，它病了，只是需要我们细心观察。健康的狗狗，眼睛有神、表情丰富，活泼好动；而生病的狗狗则有可能眼睛无神、表情呆滞、活动减少。

二、宠物健康管理表（以留下为例）

宠物健康管理表 2015年第（26）周

姓名：留下　　　体重：8.56千克（上一周8.60千克）　　　身材：标准偏胖

项目 ＼ 日期	周日	周一	周二	周三	周四	周五	周六
起床时间	7:00	7:00	7:00	7:00	7:00	7:00	5:30
饮水量	1碗	1碗	1碗	1碗	1.5碗	1.5碗	1碗
饮食	**早** 鸡胸肉（100克）+红薯+圆白菜 **晚** 生鹌鹑1只	同前	同前	**早** 鸭胸肉（100克）+老南瓜+紫甘蓝 **晚** 风干鸭锁骨3根	**早** 颗粒狗粮（100克） **晚** 生兔骨架（150克）	**早** 颗粒狗粮（100克） **晚** 鸭胸肉（100克）+土豆+番茄+芹菜	**早** 鸭胸肉（100克）+老南瓜+紫甘蓝 **晚** 生兔骨架（150克）
大小便	正常	正常	正常	正常	正常	正常	早上大便烂，有未消化的番茄；下午正常
其他异常情况 精神状况 眼耳鼻牙 皮肤及毛 脚趾、肛门 外生殖器等	左下肢皮肤上有一个绿豆大小的硬块，摸时没有疼痛感。其他正常	正常	正常	正常	早上起床后呕吐黄白色泡沫，夹杂一小块未消化的骨头碎片	正常	起床后肚子有咕噜咕噜的肠鸣音，急着冲到院子里吃草
活动情况	早上遛1小时。下午遛1小时	同前	同前	早上遛1小时。下午游泳15分钟，遛30分钟	同前	同前	同前
其他重要事项（洗澡、免疫、驱虫、发情、绝育等）	体外驱虫						

说明 1. 留下当时的体型略微偏胖，所以我的目标是将体重逐渐减到8千克。经过1周的运动和饮食调整，可以看到这周体重比上周略微有所下降。这说明调整的方向是对的。

2. 周四、周五出现饮水量突然有所增加的情况，但是其他基本正常，应该是和早餐由含水量较多的自制饭食换成了含水量少的颗粒狗粮有关。周六改回自制饭食后就恢复正常了。

3. 周四早上起床呕吐。怀疑和周三晚上吃风干鸭锁骨过多有关系。后来尝试每次由3根减少到2根，就再也没有发生过。

4. 周六早上突然早起，又着急冲出去吃草，加上有肠鸣音，说明肠胃胀气、不舒服。结合之后出现的大便稀烂、有未消化的番茄分析，可能是周五晚饭的蔬菜过多，不消化引起的。这样的情况发生过好几次。后来改成晚上只吃生骨肉，不加蔬菜，就很少发生早上胀气要冲出去吃草的情况。自制饭如果加番茄，也会由原来切块生吃改成煮熟煮烂，再也没有发生拉出未消化番茄的情况。

5. 2015年10月给留下做绝育手术时，请医生检查了左下肢皮肤硬块，诊断为脂肪粒，手术时顺便切除。

认真填写这张宠物健康管理表，对于及早发现狗狗的健康问题真的很有帮助。

第三节 狗狗健康状况的日常观察及处理

主人如果能够及早判断出狗狗的健康状况是否出了问题，并根据情况自己处理或者及时将狗狗送医，既能避免花费不必要的昂贵医疗费用，又能最大限度地让狗狗恢复健康，并将狗狗的痛苦减小至最低程度。

而要做到这一点，一方面主人应细心观察狗狗的状况，另一方面还应尽早了解一些狗狗常见疾病的症状及其处理办法。

下面，我把需要观察的事项以及可能的疾病分类罗列了一下，供大家参考。

一、整体状态

观察事项：精神状态是否正常。

正常状态：精神饱满，对外界刺激反应及时。

异常状态	可能原因	解决方案
精神萎靡，喜欢趴窝，对外界刺激没有反应或者反应不如以前强烈（具体见第80页第二篇第一章第四节）	刚打过疫苗的狗狗可能会有轻度的精神不振	如果是打疫苗的关系，一般让狗狗休息一天就能恢复
	如果天气过热，或者在大运动量活动之后，狗狗也会有"懒得动"的表现	正常现象。观察温度调节后或者休息过后是否恢复正常精神状态
	可能是患病的表现。精神不振是疾病的综合表现，狗狗如果因为疾病原因而出现精神不振，一般还会伴有其他症状，例如食欲不振、呕吐、腹泻、发烧等。注意：这里所说的精神不振的表现是指一个突然的变化，如果狗狗一贯喜静，则不在此列	如果不是上述原因引起的，则应密切观察，并根据其他病症，以及发展的趋势，决定是否立即送医

二、大小便情况

1. 大便

正常状态：

排便过程：轻松；

大便形状：条状；

大便质地：落在地上能堆积起来，用手轻捏不会变形，但稍微用力则能捏扁，捡起来后地上基本不会留有痕迹；

大便颜色：一般呈土黄色至深褐色。

正常大便

常见异常状态	可能原因	解决方案
数次做出排便姿势，但没有大便排出	见第95页第二篇第二章第三节	见第95页第二篇第二章第三节
1天以上没有大便，也没有做出排便姿势	见第95页第二篇第二章第三节	见第95页第二篇第二章第三节
排便需要比较用力；用时较长；大便干燥发硬，成较短的条状至颗粒状；能轻易捡起，不留痕迹，捏碎易成粉末状；颜色浅黄偏白 干燥发白的大便	1. 吃多了肉骨头 2. 劣质狗粮中添加了过多的矿物质甚至是石灰粉	1. 暂时停止喂食肉骨头，等恢复正常大便后，注意减少每次喂食骨头的量 2. 更换优质狗粮
腹泻	见第89页第二篇第二章第二节	见第89页第二篇第二章第二节

2. 小便

正常状态：成年犬一天有2~3次量比较大的一泡尿，一般会一次性或者分为2~3次尿完。

正在撒尿的公狗（"安东尼"友情提供）

此外，还会有做标记的撒尿行为，尤其是公狗。在撒尿做标记时，狗狗会先闻一下气味，然后在闻过的地方（多数是别的狗狗撒过尿的位置）再撒上几滴尿。虽然这种行为有可能会很频繁，而且每次只有几滴尿，但狗狗尿完就会立刻结束排尿的动作，不会有尿不干净的感觉。

异常状态	可能原因	解决方案
排尿次数明显增加	见第117页第二篇第二章第九节	见第117页第二篇第二章第九节

三、饮食及饮水情况

1. 是否呕吐

正常状态：没有呕吐。

异常状态	可能原因	解决方案
有呕吐	见第84页第二篇第二章第一节	见第84页第二篇第二章第一节

2. 是否有食草行为

正常状态：偶尔有食草行为，但不会刻意去寻找青草，有可能见到青草时会采食，但是一般略微采食几下即停止，过后无呕吐现象。

小黑在吃青草

幼犬出于好奇也会采食青草，如果狗狗在2~3月大时就有机会采食青草，那么有可能会长期喜欢吃草，这属于正常现象，但不会一次吃太多，一般都是浅尝辄止，食后无呕吐。

异常状态	可能原因	解决方案
偶尔有食草现象，会比较急地主动寻找青草，采食时间较长，采食后有可能会呕吐出带有青草的泡沫状液体 带有青草的呕吐物	肠胃不适，例如胀气，引起的保护性反应	不必就医。可以帮狗狗按摩腹部，让其感觉舒适。但应回顾狗狗前一顿的食物是否和平时有什么变化，例如是否摄入了过多富含膳食纤维（如蔬菜）的食物，或者过多肉类或骨头，或者容易胀气的食物，例如豆类等。相应调整食物，观察是否会再次发生

3. 饮水量

正常状态：在气温、运动和饮食基本保持不变的情况下，饮水量也应基本不变。

平时，饮用水要定量放置，以便了解狗狗饮水情况。可以等狗狗把一碗水喝完了，再加满一碗，不要喝一点添一点。也可以用有刻度的容器装好给狗狗喝的水，随时给水碗里添加，到了晚上计算一下一天内消耗掉的水。

饮水量异常增加有可能是多种疾病的早期症状。老年犬出现此类现象时尤其要引起警惕。

异常状态	可能原因	解决方案
饮水量异常增加	气温、运动、饮食变化等原因	见第117页第二篇第二章第九节
	发情	如果狗狗其他一切正常，并且主人能确定它正在发情，那么饮水量增加很有可能是正常的。因为发情的狗狗，尤其是母狗，需要不停地在外面撒尿做标记。观察发情过后饮水量的变化
	母狗子宫蓄脓、糖尿病、肾病等疾病因素	如果确认不是上述原因引起的，最好去医院检查

4. 食欲是否正常

正常状态：食欲旺盛，采食快（一贯挑食的狗狗除外）。

异常状态	可能原因	解决方案
胃口突然变差，食欲不振（吃得很少且速度很慢）或绝食（没有丝毫食欲，不吃食或者根本就不接近食物）	见第100页第二篇第二章第四节	见第100页第二篇第二章第四节

四、毛和皮肤

1. 毛

正常状态：润泽光亮，有弹性。

异常状态	可能原因	解决方案
毛干枯，没有光泽，异常掉毛	母狗在哺乳期，营养不够	补充营养，尤其是蛋白质
	饮食营养不均衡，饮食中碳水化合物含量过高，蛋白质过少，缺乏不饱和脂肪酸	调整饮食结构。减少碳水化合物，增加优质蛋白质，可以在食物中每次添加少量三文鱼油。如果是吃颗粒狗粮的，应更换优质狗粮
	皮肤病、内分泌失调等疾病因素	上述原因如果均排除，最好去医院检查

2. 皮肤

正常状态：光滑，大部分狗狗皮肤颜色呈淡淡的粉红色，没有异味，少有皮屑，少有瘙痒症状。

异常状态	可能原因	解决方案
皮屑	秋冬季皮肤干燥	见第111页第二篇第二章第八节
鲜红伴有抓痕，但是皮肤表面没有掉毛，有规则斑块、突起等异常，皮肤瘙痒	见第111页第二篇第二章第八节	见第111页第二篇第二章第八节
有红色小米粒大小的丘疹，突出于皮肤表面	见第111页第二篇第二章第八节	见第111页第二篇第二章第八节
有红色圆形斑块，斑块部位明显掉毛	见第111页第二篇第二章第八节	见第111页第二篇第二章第八节
有米粒至黄豆大小囊肿，皮肤颜色正常，用手触摸感觉皮下有硬的颗粒物，不痛不痒	脂肪粒	1. 密切观察囊肿是否有变化。如果变大了，则需要尽快就医；如果没有变化，则不担心 2. 调整饮食，减少脂肪的摄入 3. 加强运动，如走路、游泳，有时会自行消失 4. 如果正好要给狗狗做绝育手术之类的，应告知医生，让医生在手术时顺便处理

续表

异常状态	可能原因	解决方案
肿块	1. 红肿，手摸上去有发烫的感觉，按压有痛感	炎症。用聚维酮碘涂搽患处，一日2~3次
	2. 其他肿块，皮肤表面不发红，不发烫，按压无痛感。可能是良性或者恶性肿瘤	仔细观察，如果肿块变大，及早送医
破溃	外伤或者抓挠导致	如果伤口没有化脓，用聚维酮碘涂搽患处，一日2~3次。如果伤口化脓，先用双氧水清洁，再用百多邦等抗生素软膏涂搽患处。注意给狗狗戴伊丽莎白圈防舔
未绝育母狗乳头泌乳	1. 如果已经怀孕近60天，是即将临盆的征兆	正常现象。做好接生准备
	2. 如果确定没有交配过，且距离发情结束日期近60天，或者超过60天，则可能是假孕的表现	详见第78页"发情和假孕"
	3. 如果没有怀孕，且长期有泌乳现象，说明体内激素紊乱	长期刺激下，容易导致乳腺炎，甚至乳腺肿瘤。应尽快送医，并做绝育

五、五官

1. 眼睛

正常状态： 没有或者偶尔有少量水性或干性分泌物，结膜（即眼白）为白色。

异常状态	可能原因	解决方案
经常有褐色干性眼屎	有可能是饮食结构不均衡造成上火引起的，例如食用过多的营养膏、奶粉等	及时清洁眼睛，并调整饮食。如果眼屎减少则不必送医；如眼屎继续增多，则应尽快送医
眼屎为脓性分泌物	眼睛细菌性感染、犬瘟热等	1. 如果是幼犬或者没有打过疫苗的成年犬，应尽快送医 2. 如果是打过疫苗的成年犬，且其他情况一切正常，并且脓性眼屎不多，可以先用棉签蘸温开水或生理盐水清洁眼睛，再用抗生素眼药水，如氯霉素眼药水、氧氟沙星眼药水等滴眼，1日3次 3. 如果脓性眼屎较多，或者自己滴眼药水后3天内没有明显好转，或者好转后再次发生，均应尽快送医
结膜发红	结膜炎	用抗生素眼药水滴眼

续表

异常状态	可能原因	解决方案
泪液较多，眼角的被毛上有深色泪痕	见第108页第二篇第二章第七节	见108页第二篇第二章第七节

2. 耳道

正常状态：耳道内干净，无分泌物或仅有少量淡黄色至褐色分泌物，无异味，耳道皮肤呈淡粉红色。

异常状态	可能原因	解决方案
耳道内有较多褐色油性分泌物，并有轻微异味（垂耳犬因为空气不流通易发生）	没有定期清洁耳道	用犬用洗耳水、婴儿油或橄榄油定期清洁耳道
耳道内有大量黑褐色油性分泌物，并有较严重的异味；耳道红肿，甚至流脓	见第105页第二篇第二章第六节	见第105页第二篇第二章第六节

3. 鼻子

正常状态：湿润，光滑，无鼻涕。

异常状态	可能原因	解决方案
干燥	狗狗在睡觉以及刚睡醒时，鼻子干燥属于正常现象，除此之外，则说明狗狗正在发烧，是某种疾病的提示	仔细观察同时给狗狗量一下体温，如果发烧，再根据其他症状判断病情的严重程度，并及时送医
流鼻涕	因为狗狗通常会很迅速地将鼻涕舔掉，所以主人很难观察到。但是如果发现狗狗频繁舔鼻子，则应注意观察是否有鼻涕。如果是清水鼻涕，则可能是感冒引起的。如果是脓性鼻涕，则有可能是犬瘟、口鼻瘘等较为严重的疾病	如果只流清鼻涕，或者伴有轻微咳嗽，但是没有其他症状，大便、食欲、精神状态都正常，且狗狗已经成年，并按期打疫苗，则可以让狗狗多喝水、多休息，观察两天看是否有好转的趋势再决定是否送医。如果是幼犬，无论是感冒还是怀疑犬瘟，都应立即送医。如果是成犬流脓性鼻涕，也应及时送医
皮肤开裂	狗狗感冒、发烧以及犬瘟等病后有可能会造成鼻子极度干燥，导致皮肤开裂	使用犬用的润鼻霜，或者将维生素E胶囊中的液体和橄榄油混合，一日2~3次涂抹狗狗的鼻子护肤

续表

异常状态	可能原因	解决方案
颜色变苍白	大部分狗狗鼻子为黑色，也有部分鼻子为淡粉红色。有些黑色的鼻子会逐渐转成淡粉红色，这也属于正常现象。但是，如果本来就是淡粉红色的鼻子变成了苍白的颜色，就值得注意了。有可能是贫血	出现淡粉红色鼻子变苍白的情况时应尽快送医

4. 口腔

正常状态：没有口臭；没有牙结石；牙齿生长正常，没有双排牙；牙齿没有松动、断裂、蛀牙等异常；牙龈及口腔黏膜呈粉红色。

异常状态	可能原因	解决方案
有部分或者全部以下症状：口臭；牙结石；双排牙；牙齿有松动、断裂或者蛀牙等异常；牙龈红肿；口腔黏膜局部深红色，并有少量灰白色圆形斑点	见第102页第二篇第二章第五节	见第102页第二篇第二章第五节
牙龈发白	疾病引起的贫血症状	及时送医

六、外生殖器和肛门

1. 外生殖器

正常状态：狗狗不会经常去舔，没有异常分泌物，没有异味，没有红肿。

异常状态	可能原因	解决方案
频繁舔生殖器（几乎每天都会舔，一天多次）	发情。如果是母狗，且没有脓样分泌物，观察外阴是否肿胀，是否有少量粉红色分泌物，如果是，说明正在发情，是发情引起的（详见第78页"发情和假孕"）	不必就医 注意阴部卫生 不要让狗狗坐在脏冷的地面上；每天用洁尔阴或者温水清洁阴部，然后擦干；大便后用湿巾纸擦拭肛门 看管好狗狗，防止意外怀孕 发情结束后，最好尽早绝育
	生殖器官炎症。如果外生殖器红肿，有脓液流出，且有腥臭味，则有可能是生殖器官炎症。母狗应考虑是否为子宫蓄脓	尽早送医

2. 肛门

正常状态：肛门周围干净，没有残留粪便；没有红肿、破溃；肛门腺部位凹陷，用手指按压没有发现硬块。

异常状态	可能原因	解决方案
肛门周围，尤其是毛上有残留的粪便	狗狗可能腹泻了	仔细观察狗狗的大便，如果发现腹泻，参照第89页第二篇第二章第二节
肛门腺部位用手指按压时有点硬	肛门腺液积蓄过多	人工帮助狗狗挤肛门腺，排出积蓄的肛门腺液
肛周红肿	肛门腺堵塞，造成肛门腺发炎	1. 检查肛门腺，如果发现肛门腺部位有硬块，人工帮助狗狗挤肛门腺，排出积蓄的肛门腺液 2. 排出肛门腺液后，用棉球蘸温开水清洁，然后用碘伏消炎，一日3次
肛周破溃，有特殊腥臭味	肛门腺发炎	尽快送医

七、脚爪

观察脚指甲、皮肤、毛等。

检查脚指甲是否有过长、断裂、内弯等情况。别忘了检查隐藏在一边的狼趾。

如果脚指甲过长，甚至内弯，就需要及时修剪。

如果脚指甲断裂，轻微出血，则剪掉断裂的部分，然后用聚维酮碘消毒，一日2~3次。

检查脚趾间的皮肤是否有红肿，轻微红肿可以先尝试用聚维酮碘消肿，一日2~3次。

检查趾间的毛是否有结块，剪去结块的毛。

检查趾间是否有石子、土块等异物，去除异物。

捏一下各个脚趾，看是否有痛点。有痛点的话，仔细检查是否扎入了木刺、碎玻璃等异物，或者有破溃。去除异物后，用聚维酮碘消毒，一日2~3次。

八、异常行为

1. 经常挠痒

正常状态：偶尔，挠的程度轻，稍微挠几下就停止。

异常状态	可能原因	解决方案
经常挠痒，痒的时间较长，程度较重，甚至会突然回头咬身体的某个部位	见第111页第二篇第二章第八节	见第111页第二篇第二章第八节

2. 臀部在地上来回摩擦

正常状态：不会有此行为。

异常状态	可能原因	解决方案
有此行为	有粪便残留在肛门引起不适	便后，尤其是拉软便或者腹泻后，及时清洁肛门。观察是否还会重复发生
	吃了骨头后大便干燥，排便困难引起	发现狗狗排便困难时可用手推挤肛门，帮助排便。调整饮食。观察是否还会重复发生
	有可能是肛门腺堵塞，甚至发炎。检查肛门腺部位是否比较硬，肛门周围是否有红肿	1. 如果没有红肿，但是肛门腺部位按压有点硬，人工挤肛门腺，排出积蓄的肛门腺液 2. 如果肛周红肿，挤出肛门腺液后，涂聚维酮碘，1日2~3次
	如果肛门腺和肛门均正常，则有可能是体内寄生虫引起的	定期驱虫

3. 体态、步态

正常状态：体态、步态正常，协调自如。

异常状态	可能原因	解决方案
走路时有跛态，某一条腿不敢着地	见第120页第二篇第二章第十节	见第120页第二篇第二章第十节

4. 未绝育母狗行为变化

对于母狗的发情时间要做好记录。这样不但有助于提前对下次发情期作好准备，防止意外怀孕，还能对假孕、子宫蓄脓等情况及早做出判断。

异常状态	可能原因	解决方案
突然不爱外出，喜欢躲在阴暗角落，用爪子刨窝	意外怀孕	如果在发情期过后2个月内，发现狗狗有"发胖"，用手触摸腹部较硬，乳房胀大等现象，同时，在发情期内有和公狗交配过的可能性，应考虑是否意外怀孕了。有条件的话，最好到医院做个B超确诊
	假孕	如果发现狗狗有乳房胀大，但腹部并没有隆起，用手触摸腹部柔软，同时出现前述异常行为是在距离最近一次发情2个月左右，则有可能是假孕。应对措施详见第78页"发情和假孕"

九、外伤

每次狗狗打过架之后，或者发现狗狗经常舔身体某一部位时，必须翻开全身被毛，重点检查被咬部位以及舔舐部位，检查是否有外伤。

伤口处理方法见第124页第二篇第二章第十一节。

十、体温和体重

1. 体温

体温也是判定狗狗是否患病的重要标志。

幼犬的正常体温为38.5~39.5℃。成犬的正常体温为38.7℃左右，通常晚上高、早晨低，日差在0.2~0.5℃。

一般情况下，如果狗狗的鼻子干燥温热（睡眠和刚睡醒时除外），则说明狗狗处于发烧状态。这个时候，最好给狗狗测个体温。

体温测量方法：将水银体温计甩到35℃以下，用酒精棉球消毒，一人固定住狗狗的身体，另一人一手提起狗狗的尾巴，另一手将体温计轻柔缓慢地插入肛门约3厘米。3分钟后取出读数。测体温前半小时应让狗狗保持安静。

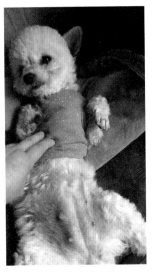

假孕时胀大的乳房
（"朵拉"友情提供）

来福在测体温（李华拍摄）

2. 体重

定期给狗狗称体重，并进行身材评估，建立健康档案。在饮食、运动等生活习惯基本不变的情况下，体重突然减轻往往是疾病的表现，例如糖尿病、恶性肿瘤等，要及时去医院检查。

> **注意**
> 本书中所有涉及自行处理的轻症，如果3天内未见好转，或者发现病情加重，应及时送医。

十一、发情和假孕

1. 发情

狗狗进入青春期（6~8个月）后，性发育成熟，如果没有做过绝育，就会开始出现发情的现象，一般一年两次，分别在春季和秋季。

1）母狗发情持续时间和表现

按发情期的表现来区分，母狗的发情期可分为3个阶段，包括：发情前期、发情中期和发情后期。

发情前期： 发情前期是指母狗刚开始有发情的表现到可以交配的时期。

持续时间： 一般为7~10天。

发情表现： 这个时期，狗狗的外阴会变得肿胀，阴道中流出带血的黏液，颜色为深红色。

如果是小型犬，因为出血量很少，而且狗狗一般会及时舔掉，所以主人不容易从出血的情况来判断它是否发情。

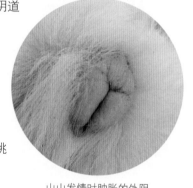

山山发情时肿胀的外阴

但是，如果发现狗狗经常坐下来舔自己的阴部，主人就要注意观察。如果发现外阴肿胀，像一个"小桃子"，就说明狗狗发情了。

此外，处于发情前期的母狗一般会出现食欲降低、饮水量增加、喜欢外出、出去后喜欢四处撒尿、喜欢和公狗玩等现象。但此时母狗还不允许公狗进行交配，只要公狗想要爬跨，母狗一般就会当即"翻脸"，对公狗做出吠叫等攻击性的动作。

虽然这时母狗还不允许公狗交配，但是母狗到处留下的气味已经足以吸引成群的公狗每天到家门口来守候了！我家留下发情的时候，曾遇到一条最痴情的公狗"俊俊"，从早到晚不吃不喝地守候在我家门口，半夜3点多回家稍作休息之后，清晨6点多又出现在我家门口！所以，如果发现忽然有很多公狗来访，主人也要赶快检查一下自家的小母狗是不是已经"长大成狗"了。

发情中期： 从阴道出血开始约第9天，进入发情中期。

持续时间： 一般持续1周左右。

发情表现： 此时外阴仍然肿胀，并变软。同时出血量大大减少，颜色逐渐变淡至透明。

这时母狗开始允许公狗进行交配。

进入发情中期的母狗比发情前期时更急切地想去找公狗，而且会主动地将尾巴翘起向左右偏转，露出外阴，"引诱"并允许公狗爬跨。而且母狗在这个阶段会开始排卵，一旦交配，很容易怀孕。如果你不希望狗狗怀孕的话，这时候一定要严加看管，尽量避免和公狗接触，以免造成意外怀孕。

发情后期： 发情中期过后，即进入发情期的尾声——发情后期。

山山发情时翘起尾巴

持续时间： 持续约10天。

发情表现： 此时母狗外部症状消失，肿胀的外阴逐渐缩小至恢复正常，阴道黏液分泌逐渐减少至完全停止。

狗狗也恢复安静的性情。若母狗已怀孕则进入妊娠期。

进入发情后期的母狗虽然仍能引起一些缺乏经验的公狗的兴趣，但这时母狗会重新开始拒绝公狗爬跨。一些经验比较丰富的公狗会果断放弃进入发情后期的母狗并转而重新选择追求的对象。

2）公狗的发情持续时间和表现

公狗的发情是被动的，是在发情母狗气味的刺激下才发情的。

持续时间： 如前面所说，母狗在发情期会不停地在户外通过尿液散发自己的"名片"。公狗闻到发情母狗留下的气味之后，就会发情。因此，如果在发情季节有不同的母狗在不同的时间发情，那么公狗闻到之后就会一直处于发情状态！

发情表现： 公狗发情的表现主要是行为方面的，包括："茶饭不思"；躁动；喜欢外出；一出门就在地面上四处闻母狗留下的"名片"，并循迹去找发情母狗；如果找到发情母狗的家则以后一出门就直奔而去；遇到发情的母狗就企图爬跨；好斗，在有发情母狗在场的情况下，遇到有其他公狗时，一言不合就开打；有的公狗发情后如果找不到母狗，会在其他公狗、毛绒玩具以及主人腿上爬跨，特别容易因为细菌感染而造成"小鸡鸡"发炎。

2. 假孕

1）假孕的表现

有些母狗在发情期虽然没有和公狗交配，但是在发情期过后60天左右，却会出现不愿意外出、做窝等异常行为，同时还会出现乳房胀大，甚至乳头泌乳等临产母狗才会出现的生理变化。如果去宠物医院做B超检查，会发现狗狗腹内并没有待产的幼仔。这种现象称为假孕，是由于母狗体内的激素变化引起的。

2）容易造成假孕的原因

母狗在发情期间，如果受到交配的刺激，容易发生假孕。例如有些主人会给狗狗穿上生理裤、佩戴卫生护垫防止意外怀孕，这种情况下，如果有公狗爬跨母狗，虽然怀孕的概率很小，但是，却容易造成母狗假孕。

此外，母狗在发情期间如果有机会和刚出生的幼犬在一起，也有可能会因为受到幼犬的刺激而发生假孕。

3）应对措施

母狗发生假孕时，一般不必就医，等过一段时间激素水平下降后，症状会自然消失。

不要让狗狗在发情期受到交配以及幼犬的刺激。

如果狗狗多次发生假孕，则应尽早给狗狗做摘除子宫、卵巢的绝育手术。因为这样的母狗容易内分泌紊乱，如不手术，患生殖系统疾病的概率会大大增加。

对于已经假孕的母狗，应避免让其继续接触新生幼犬；同时，降低食物中蛋白质的含量（如果是自制狗饭，可以适当减少肉类等蛋白质来源），以促使其尽快回乳；用40℃左右的热毛巾给母狗的乳房做热敷，以防止乳腺炎。如果一周内没有好转，应去医院检查并处理。

第四节 如何迅速判断狗狗病情的轻重程度

虽然我在本书中和大家分享了一些如何在家自行处理某些轻症的方法，但是，遇到狗狗病情严重的时候，必须设法尽快将它送到医院治疗，以免贻误病情。

然而狗狗不会说话，忍受痛苦的能力又比人类要强，所以需要主人平时细心观察，并了解一些相关知识，才能迅速判断狗狗病情的轻重程度，做出正确的决定。

那么，主人如何才能判断狗狗病情的轻重呢？

一、精神状态

就像调皮的小孩子突然不声不响、不想玩也不想吃了，那一定是真病了。

狗狗也是一样。因为精神状态是身体机能的综合反应，所以，如果狗狗精神不振，主人一定要高度重视！狗狗可能病得不轻呢！

要特别注意的是，很多主人，尤其是新手，往往在狗狗刚出现精神不振的时候并不能意识到这点。因此，主人平时一定要细心观察，知道什么是自家狗狗的正常状态，才能及早发现狗狗的异常表现。具体可以从以下几个方面观察：

观察项目	正常	精神不振
活动情况	活跃	和平时相比，活跃程度下降，喜静，喜卧
对外界刺激的反应	反应迅速，例如：有生人经过会立即吠叫，主人回家马上跑到跟前欢迎，遇到野猫立刻想要追赶	反应缓慢，甚至没有反应。例如有生人经过时没有反应；主人回家时只是卧在原地，最多轻摇尾巴表示欢迎；遇到野猫时也不再激动。当然，这都是和平时的状态对比。有些狗狗一贯比较安静，不管闲事，那就不是异常状态。但是，就算一贯比较安静的狗狗，也会有一些自己常有的反应，如果这些反应减少或者消失，那么也是精神不振的表现
看眼神	眼睛有神，目光会跟随主人或者外界刺激物转动	眼睛无神，目光不太跟随主人或者外界刺激物转动
看耳朵	平时听到主人说话或者外界有什么动静会立刻转动耳朵仔细听	听到声音时耳朵没有什么反应
总体	"爱管闲事"	"两耳不闻窗外事"，不再管外界的"闲事"

案例

我家留下刚来家里的时候，每天早上我都要带它去大草坪玩捡球的游戏，通常它会乐此不疲。有一天早晨，它和平时一样跟我一起来到大草坪，当时我没有觉察到任何异常。但是，那天它只玩了1个回合，就不想玩了（活动减少）。

在草坪上的时候，呕吐了一次，腹泻了一次。

回到家后，和往常一样趴在门边，似乎也没有明显的异常。但是，以往只要有人经过院子，它就会立即起身，来回奔跑，对着来人吠叫，那天它似乎"懒得管闲事"，不再起身，也不再对来往的生人吠叫（对外界刺激反应降低，"不管闲事"）。

而且出现了食欲不振的情况，平时贪吃的它那天竟然不想吃饭。

到了傍晚的时候，拉出喷射状血便，去医院检查确诊为当时死亡率高达70%的细小病毒感染。

事后回想起来，它早上的表现就是精神不振了。

二、症状

如果症状仅限于局部且轻微不明显，那么狗狗的病情还比较轻。如果不仅出现了明显的症状，而且有了全身反应，则是病情严重的表现。

例如，如果狗狗只是偶尔呕吐一次，或者大便有点烂，其他一切正常，那么问题应该还不大。而留下当时是早晨出现上吐下泻、精神不振、食欲不振，到了傍晚又开始便血。所以，如果出现类似留下这样的全身性反应，就应该立即送医。

当时我因为没有什么经验，发现便血又已经是晚上7点了，还在犹豫着要不要等第二天看情况再决定是否去医院。感谢我做人医的母亲，虽然她没有学过兽医，但一听我电话里给她描述留下当天的情况，就果断地要求我"立即去医院"，因为"出现这样全身性的反应，说明病情比较严重"，而且，"经过一个晚上病情可能会有很大变化"。由于送医及时，留下最终有惊无险，治疗一周后恢复了健康。

三、食欲

如果狗狗明显食欲不振，甚至绝食，那也说明病情可能比较严重。

例如，留下发病那天，除了上吐下泻、精神不振之外，就同时还出现了食欲废绝的症状。

但是，狗狗表面上看上去的食欲不振也有可能是由于挑食等原因引起的，所以如果只是发现狗狗食欲不振，主人不要着急，先对照第100页第二篇第二章第四节自查一下可能的原因再做出决定。

四、体温

当患犬体温升高在1℃以内时，说明病情轻微。

但当体温升高大于2℃时，说明病情严重。

体温低于正常值，常见于老龄犬，重度营养不良、严重贫血、中毒等。体温越低，病情越严重。

五、犬龄

未成年的幼犬，犬龄越小，发病后越容易造成严重后果，如不及时处理，很容易造成死亡。

因此，对于半岁以内的幼犬，即使只出现了流鼻涕、脓眼屎或者腹泻等不是很严重的症状，也应引起主人的高度重视，最好立即就医。

而成年犬抵抗力较强，相对来说患病后死亡率较低，经治疗后恢复得也快。所以有些比较轻的症状我们也可以先尝试在家观察和处理。

出生一周的天天、目目、山山

第二章　小病不求医

当狗狗的健康出现了问题时，能立即送医院诊治当然最好。但是毕竟现在宠物看病的费用高昂，没有自备车的话带狗狗去医院又不方便，而且大多数狗狗对医院都有畏惧心理，所以主人如果能够判断病情的轻重，对一些小病能在家自行处理，既省钱又省力，还能让狗狗感到安心。下面就介绍一些狗狗常见健康问题的家庭处理办法，以及什么情况下需要尽快送医。

第一节　呕吐

呕吐和腹泻是狗狗最常见的病症。

当狗狗呕吐时，主人应仔细观察呕吐物的颜色和内容、发生呕吐的时间、呕吐的次数以及呕吐时狗狗的动作，并根据这些信息来初步判断造成呕吐的可能原因，同时最好拍照记录，在需要时可以提供给医生作为诊断的参考依据。

一、常见的呕吐物类型

图	呕吐物的颜色和性质	呕吐物的成分
呕吐的无色液体 （"短短"友情提供）	无色透明液体，像白开水	胃酸

续表

图	呕吐物的颜色和性质	呕吐物的成分
呕吐的白色泡沫和无色液体	表面为白色泡沫，下面为无色透明液体	胃酸，泡沫是由胀气引起的
呕吐的黄色液体（"短短"友情提供）	黄色液体	胃酸+从十二指肠反流的部分胆汁
呕吐的黄色泡沫和黄色液体	表面为黄色泡沫，下面为黄色液体	胃酸+从十二指肠反流的部分胆汁，泡沫是由胀气引起的
呕吐的咖啡色液体（"短短"友情提供）	粉红色至咖啡色液体	胃酸+胃出血的血液

续表

图	呕吐物的颜色和性质	呕吐物的成分
 呕吐的保持完整形状的食物	未完全消化的食物，几乎保持完整的食物形状	刚进食不久的食物
 呕吐的糊状食糜 （"短短"友情提供）	未完全消化的食物，成糊状，几乎没有原来食物的形状	已经消化了一段时间的食糜

二、可以暂时先观察并自行处理的情况

当狗狗出现下列症状之一时，主人可以先观察，并按建议的措施自行处理。

1. 症状一

狗狗在早晨空腹时发生呕吐，呕吐物为白色或黄色泡沫和无色透明的液体或者黄色液体，呕吐时腹部有明显收缩，且呕吐1~2次后就不再呕吐，同时食欲、大便、精神状态都正常，则为晨呕。这种晨呕不会每天发生，最多可能会一两周发生一次。

可能原因：晚餐摄入过多油腻的或者其他不易消化的食物，例如蛋黄、肉、肉干，或者骨头等；或者摄入过多容易胀气的食物，例如豆类、玉米面等；晚上进食量过少。

应对措施：一般不用特殊处理。但是以下几种情况除外。

1）呕吐后，可以给狗狗吃些禾本科植物的嫩叶，这样它们会感觉舒服一点。这些嫩叶也可以刺激胃部，帮助狗狗吐出带泡沫的胃酸。胃酸过多以及胀气，是造成狗狗胃部难受的原因，吐出来后就舒服了。

很多时候，在晨呕前后，狗狗会主动去寻找这类青草来吃。

春夏季节户外常见的为狗尾巴草，在秋冬季较为常见的则是这种农村称为"青草"的野草。

但是一定要注意草地上是否喷洒过杀虫剂、除草剂等，千万不要让狗狗误食！

青草

盆栽小麦草

建议在家中用花盆种几盆小麦草，狗狗会在胃部不适的时候自己去采食，既安全又方便。

2）检查狗狗发生晨呕的前一天晚饭记录，是否给狗狗吃了过多油腻的或者其他不易消化的食物，或者过多容易胀气的食物等。

因为这类食物过多，会刺激胃酸和胆汁的大量分泌，很有可能是导致晨呕的原因。

尝试调整晚餐的食物结构，适当减少这类食物，观察是否还会再次发生晨呕。

记录每餐饮食的内容和数量，可以有效地帮助主人分析为什么狗狗会发生晨呕，并相应进行调整。

3）如果狗狗晚饭内容没有异常，而狗狗却经常发生晨呕，有可能是晚饭的量过少造成的，可以尝试调整喂食量：

增加晚饭的量（约占一天总量的2/3），减少早饭的量（约占一天总量的1/3）。

2．症状二

呕吐物为白色黏稠泡沫，呕吐时没有明显的腹部收缩动作，且有咳嗽声，吐出的是唾液。

可能原因：异物（如骨头）卡住喉咙。

应对措施：密切观察。

如果狗狗吐出了异物，且吐过几次之后，不再发生，并且大便、食欲、精神一切正常，则不必做特殊处理。在呕吐时注意不要让狗狗喝水，以免呛到。

如果狗狗呕吐过于频繁，持续时间较长，则应尽快送医。

3．症状三

偶尔在进食后不久，腹部明显收缩，一次性呕吐出大量没有消化的食物，食物形状基本保持原样，之后不再出现呕吐，有时狗狗还会自己迅速把呕吐物再吃掉，同时食欲、精神状态都正常。

可能原因：过食，即一次性摄入过多食物或者吃得过快引起的呕吐。吃颗粒狗粮比较容易发生这种情况。

应对措施：不用特殊处理。

以后每顿的喂食量应适当减少，可以增加喂食次数。

对于吃饭速度特别快的狗狗可以购买"慢食盆"，让其减慢进食速度。

狗狗进食的时候旁边如果有人或者有别的狗狗，也有可能会导致狗狗为了保护食物而加快进食速度。如果是这种情况，可以改成让狗狗单独进食。

吃颗粒狗粮后不要让狗狗一次性大量饮水。

4. 症状四

狗狗在进食1~2小时后，多次呕吐，呕吐物为未完全消化的食物，同时还伴有多次水样腹泻，但是精神状态基本正常。

可能原因：摄入了不洁的食物，因为细菌感染而导致急性肠胃炎。

应对措施：禁食8~24小时，可让狗狗自由喝水。

如果狗狗呕吐和腹泻的次数较多（一天5次以上），可以给狗狗喝点口服补盐液（人类药房有售），或者糖盐水（即白开水500毫升+白糖20克+食盐2克）以补充能量和预防脱水。同时可以给狗狗喝点苹果汁，或者服用"妈咪爱"，以补充丢失的维生素。

仔细观察，如果狗狗呕吐、腹泻的次数开始减少，说明有所好转。等腹泻完全停止之后，可以开始逐步复食。如果24小时内没有好转，那么还是尽快送医。

三、需要尽快送医院检查的情况

狗狗发生主人所说的"呕吐"时，若仔细观察，其实症状是不完全相同的。如果发现下列症状之一，情况可能比较严重，应立即禁食，同时尽快送医。

1. 症状一

呕吐并伴有腹泻，且食欲不振甚至废绝，精神不振。

可能原因：细小病毒、犬瘟热病毒等病毒性感染，尤其是当狗狗年龄较小，或者没有打过相应疫苗时。

2. 症状二

狗狗频繁持续呕吐，呕吐物开始可能为食糜，后来为白色泡沫和无色透明液体（胃酸），甚至可能混有血液（粉红色）、胆汁（黄绿色）等，同时狗狗喝水次数明显增加，但喝水后又会发生呕吐，食欲明显下降甚至废绝，按压腹部有疼痛反应（或者因为疼痛而拒绝主人触摸腹部），检查口腔甚至可以闻到臭味。

可能原因：急性胃炎。

3. 症状三

狗狗经常在进食后频繁多次呕吐，呕吐物为食糜；同时伴有食欲不振、腹泻（大便的量增加，油腻、酸臭）、精神不振、焦躁不安、有时会做出弓背收腹的"祈祷"姿势或者用身体贴着墙壁来回走动、体重减轻等症状。

可能原因：胰腺炎。尤其是7岁以上老龄犬，可能性较大。

4. 症状四

经常在进食后立即或者过了一段时间（一般在4小时以内）后呕吐出完全未消化的食物，食物几乎保持原样，呕吐时腹部没有明显收缩。

可能原因：咽喉或者食管部位病变，或者持久性右主动脉弓而导致的"食管反流"。

四、总体原则

- 如果只是偶尔一两次呕吐，且之后很快不再呕吐，同时食欲、精神均正常，一般不必特殊处理及送医。
- 如果上吐下泻，但精神正常，且在禁食8~24小时后，呕吐和腹泻有明显好转，也可以暂时不送医，在家继续观察。同时注意补充补盐液或者糖盐水，以免脱水，并补充维生素。
- 如果呕吐频繁且持续时间较长（例如连续数天）；吐出粉红或者鲜红色液体；或者进食后很快发生呕吐，同时伴有腹泻、食欲下降、精神不振、体温升高等全身性症状，都应尽快送医。
- 如果是6月龄以内的幼犬，除了明显是过食引起的呕吐之外，最好都尽快送医。

第二节 腹泻

引起狗狗腹泻的原因有很多，从消化不良、肠道菌群失调、寄生虫感染、细菌感染到病毒感染等。有的情况需要立即送医院，有的则只要主人自己做些简单的处理即可。

和呕吐一样，遇到狗狗腹泻时，主人首先要仔细观察所拉的内容物，并闻一下大便的气味，记录腹泻的次数，同时拍照记录，以备需要时供医生参考。

无论何种原因引起的，当发现狗狗腹泻时，主人应当立即采取的措施就是禁食8~24小时。

一、常见的腹泻形态

名称	描述	图
软便	基本成条状，用纸巾轻轻一捏即变形，捏起来后还有好多粘在地上	 软便 （"短短"友情提供）
烂便	不成形，有点像面糊	 烂便
水便	呈水样，有时可能带少量血丝	 水便
血便	呈水样，颜色暗红或者鲜红	 血便 （"短短"友情提供）

二、可以暂时先观察并自行处理的情况

1. 症状一

拉软便或者烂便，没有发生呕吐，或者呕吐次数很少，同时没有食欲不振、精神不振等其他症状。

主人可以按照以下顺序，逐一排查可能的原因，并对症处理。

1）是否喂食过量

喂食过量会造成狗狗消化不良，从而导致腹泻。

吃颗粒狗粮的狗狗比较容易出现这种问题。因为颗粒狗粮体积小，狗狗不容易有饱腹感，所以很容易过食。

这种情况的腹泻所产生的大便，一般都是"软便"或者"烂便"。如果狗狗同时伴有呕吐，且呕吐物为未消化的颗粒狗粮，那么因为过食而导致呕吐和腹泻的可能性会很大。当然，如果没有呕吐，也有可能是喂食过量而导致腹泻。

应对措施：禁食8~24小时，等腹泻停止后开始复食。复食时，先将喂食量减半，观察大便，如果大便趋于正常，再逐步增加喂食量。

如果上述措施有效，说明判断正确，是过食引起的，以后应相应减少每顿的喂食量。如果原来每天只喂1顿，可以在总量不变的情况下，改成喂2顿。

2）是否刚更换了狗粮品种

不同品种的狗粮需要的消化酶会有所不同。因此，更换狗粮时，应逐步进行，以便让狗狗身体有时间产生相应的消化酶。

如果突然更换狗粮品种，那么狗狗就很容易因为缺乏所需要的消化酶而无法很好地消化新的狗粮，从而导致腹泻。

应对措施：禁食8~24小时，同时仔细观察，如腹泻次数转少，说明情况在好转，等腹泻停止后开始复食。

复食时，将狗粮比例调整成3/4的旧狗粮和1/4的新狗粮。等大便正常后，再逐步增加新狗粮的比例，直至完全换成新狗粮。

切忌当狗狗吃了一种狗粮腹泻后，又立即完全更换成另一种狗粮，这样频繁更换狗粮，会让狗狗的肠胃无所适从，从而导致更难治愈的慢性腹泻。

3）是否喂食了不容易消化的食物

自制狗饭比较容易出现这种情况。

狗狗是杂食性的肉食动物。和人类不同，狗狗不太容易消化米饭、土豆、红薯等淀粉类的碳水化合物以及胡萝卜、西蓝花茎等高纤维的蔬菜。如果自制狗饭中这两类食物的含量过高，也容易造成狗狗因为消化不良而腹泻。

此外，没能从小到大一直喝牛奶的大多数成年犬体内缺乏乳糖酶，饮用大量牛奶之后也会因为无法消化牛奶中的乳糖而腹泻。

饮食过于油腻，也容易造成腹泻。

应对措施：禁食8~24小时，等腹泻停止后开始复食。

复食时，先只喂容易消化的肉类，然后由少至多添加米饭和蔬菜等，根据大便情况，确定添加比例。

4）是否食物过敏

吃自制狗饭的狗狗比较容易发生这种问题。

蛋白质是引起过敏的罪魁祸首。如果狗狗突然吃了一样以前从未吃过的含蛋白质食物，然后出现了部分或者全部下列症状，那么应该考虑是不是食物过敏：上吐下泻、皮肤上有红点、丘疹、大片潮红以及皮肤瘙痒等。

牛肉、海鲜等是比较容易引起过敏的。但值得注意的是，玉米和大米等谷物中所含的麸质蛋白也比较容易引起某些品种的狗狗过敏。另外我还碰到过吃鸭肉、鸽子肉、鹌鹑肉过敏的情况。

有一条名叫"Cake"的田园犬，脖子上皮肤忽然大片潮红，还有一些像风疹块一样的小硬疙瘩。我让主人回忆发病前的食物，发现主人曾给它吃过两个虾饺，而这种海虾是Cake以前从未吃过的。因此高度怀疑是虾引起的食物过敏。在给Cake吃了抗过敏药之后4小时，状态开始好转，3天后基本恢复正常。典型的食物过敏就是这样，哪怕吃的量很少，也会引起明显的症状。

当然，吃颗粒狗粮的狗狗也有可能发生同样的问题。例如原来一直吃的是鸡肉为主要蛋白质来源的颗粒狗粮，忽然换成三文鱼的；或者吃了以谷物为主要碳水化合物来源的颗粒狗粮，都有可能发生过敏。

狗粮过敏和对新狗粮不消化的区别在于，如果采用逐步替换的方式引入新狗粮，狗狗是不会因为消化酶缺乏的问题而发生腹泻的。如果狗狗对新狗粮过敏的话，那么即使采取逐步替换的方式也会发生过敏反应。此外，过敏有可能会引起腹泻，也有可能表现为皮肤问题；而对狗粮不消化只会表现在消化道问题上。

应对措施：禁食8~24小时，等腹泻停止后开始复食。

复食时，先只给以前吃过没有问题的食物，等大便正常并且稳定一段时间后，再添加少量怀疑导致过敏的食物，观察是否重新出现腹泻、呕吐、皮肤瘙痒等症状。如果是，就可以确定狗狗对该食物过敏。如果认真记录了狗狗每一顿饭的内容，应该很容易找到怀疑的对象。

带蛔虫的烂便
（"短短"友情提供）

5）是否给狗狗做过体内驱虫

体内寄生虫刺激肠道，也会引起腹泻。如果是"烂便"，且在"烂便"中能找到寄生虫虫体，那么首先就应当考虑寄生虫的问题。

如果狗狗没有做过体内驱虫，即使没有在大便中找到虫体，那么也应当将寄生虫感染考虑为腹泻的可能原因。

没有驱过虫的幼犬（如果母狗的卫生状况不好，可经过胎盘直接传染给胎儿）和刚收养的流浪狗比较容易发生这种情况。

应对措施：给狗狗服用体内驱虫药（具体方法参见第141页第二篇第四章第一节）。同时，不让狗狗捡食粪便，及时清理狗粪，便后给狗狗擦屁屁，能减少虫卵经粪口感染的概率。

6）是否换了新环境，因紧张而导致腹泻

精神紧张也会导致狗狗腹泻。

如果你的狗狗是刚刚领养来的，同时性格又比较内向，并且已经排除了前面所有的原因，那么就应该考虑这种可能性。这种原因引起的腹泻通常为烂便，并且次数不多，一般为正常的排便次数，即每天1~2次。

应对措施：尽快让狗狗熟悉新环境，紧张情绪消除之后腹泻会自然好转。将狗狗原来用过的垫子或者有原主人气味的衣物铺在狗狗的窝里，能使狗狗有安全感。

2. 症状二

拉"水便"，没有或者仅有少量血丝

1）是否给狗狗吃过骨头

鸡鸭的腿骨、猪的筒骨等中空的长骨，尤其是煮熟之后，断面坚硬而锋利，容易划破肠道，造成肠道出血。因为这种原因引起的腹泻，通常一开始会是比较稀的烂便，后来变成水便，而且大便中有可能会见到鲜红的血丝。

应对措施：禁食8~24小时，等腹泻停止后开始复食。

复食时，先给少量（正常量的一半左右）食物，等大便正常后，再逐步恢复到正常食量。注意以后不要再给狗狗喂食此类骨头。

2）是否捡食过垃圾或者吃过腐败的食物

细菌感染可能导致狗狗因为急性肠胃炎而上吐下泻。这种情况发生的腹泻通常是水便，且次数较多，里急后重（即狗狗会经常做出排便的动作，但结果只拉出一点点水样大便），粪便中可能混有果冻状黏液（肠黏膜）和血液。

如果发病前狗狗曾经捡食过垃圾，或者吃过腐败的食物，尤其是在高温季节，那么这种可能性就比较大。

应对措施：禁食8~24小时。其他措施同第88页"症状四"。

细菌感染时，腹泻是身体排毒的一种自我保护措施，所以不要狗狗一腹泻就喂止泻药。仔细观察，如果狗狗腹泻的次数开始减少，说明有所好转。等腹泻完全停止之后，可以开始逐步复食。

三、需要尽快送医院检查的情况

狗狗腹泻的症状也是各不相同的。当发现下列情况之一时，问题可能比较严重，应立即禁食，同时尽快送医。

拉"血便"	>	即"水样大便"，但拉出来的几乎都是血水混合少量粪水。 可能原因：细小病毒感染或者严重肠炎（如果主人观察仔细，在狗狗拉血便之前，应该已经会有呕吐、腹泻、食欲下降、精神不振等症状出现）。
幼犬拉"水便"	>	如果是六月龄以下的幼犬，并且拉的是"水样大便"，无论是否混合有血液，都应立即就医！ 因为幼犬的抵抗力较差，而且起病急，病情变化快，如果不及时治疗，小病也有可能会导致严重后果。
有全身性症状	>	如果在腹泻的同时，还伴有呕吐、食欲不振、精神不振等全身性症状，那么情况有可能比较严重。 判断狗狗是否食欲不振，参见第100页第二篇第二章第四节。 判断精神不振，参见第81页"精神状态"。

四、腹泻的同时又有下列情况之一的要特别注意

无论是何种形式的腹泻，如果狗狗有下列情况之一的，主人要特别注意。除了按照前面所说的处理之外，一旦发现狗狗病情有严重的趋势，应尽快送医。

1. 狗狗在外面吃过"野屎"

从来没有注射过疫苗，或者虽然注射过疫苗，但是已经超过续种疫苗时间2个月以上 + 在发病前3~7天，尤其是在冬春季节，狗狗曾在外面捡食过狗大便。

那么狗狗因为吃大便而感染了犬细小病毒的可能性就会比较大。犬细小病毒感染，又称"犬病毒性肠炎"，是由犬细小病毒引起的一种急性、高度接触性传染病。幼犬感染后死亡率极高！

2. 狗狗寄养过

从来没有注射过疫苗，或者虽然注射过疫苗，但是已经超过续种疫苗时间2个月以上 + 在发病前3~6天狗狗曾经到宠物店、训犬学校等"狗口密度"较高的地方寄养过。

那么狗狗传染犬瘟热的可能性就会比较大。犬瘟热，俗称"狗瘟"，是由犬瘟热病毒引起的一种高度接触性、致死性传染病。幼犬感染后死亡率极高！因为冬春和秋冬寒冷季节为犬瘟热多发季节，因此，狗狗如果在这些季节发病，主人更要警惕。

值得注意的是，有的狗主人从宠物店买回幼犬时，店家宣称已经注射齐疫苗，但后来狗狗还是感染了细小或者犬瘟。这是因为许多无良商家往往会在狗狗的年龄和免疫情况（一般来说，狗狗要满4月龄才能完成标准免疫程序）方面进行欺骗。所以，建议大家最好不要从花鸟市场、宠物店等处购买幼犬。希望大家以领养代替购买！

3. 老年狗狗

如果狗狗已经进入老龄（6岁以上），那么要警惕是否有胰腺炎的可能性。

患有胰腺炎的狗狗通常会有呕吐、腹泻、腹痛、食欲不振以及精神不振的现象。同时，因为胰腺功能障碍，会导致脂肪痢，即因为无法消化脂肪导使大便显得油腻、酸臭。

第三节 排便障碍

一般来说，健康的成犬每天会有1~2次大便。

如果狗狗做出排便的姿势，却没有大便排出；或者一天以上没有排大便，主人一定

要提高警惕，狗狗可能因为某种原因而导致排便障碍。排便障碍会造成粪便在肠道中停留过久，因为水分过分吸收而使粪便越来越干，越来越硬，以致想拉拉不出，或造成狗狗因为疼痛而惧怕排便，如不及时解决，则可能会引起食欲不振、消化障碍，并导致其他继发症的发生。而且，排便障碍本身也可能是狗狗健康出现状况的提示。

留下正在大便

一、狗狗排便障碍的类别以及可能的原因

第一类，狗狗有便意但排不出来（即做出排便姿势但没有大便排出）。可能有以下几种原因。

1. 干扰

狗狗在准备排便时受到干扰。

2. 大便干燥

因为下列原因造成大便过于干燥，导致粪块堵在肛门口无法排出。

1）狗狗摄入了过量骨头

骨头会使大便变干。适量吃骨头有益健康，但是一次性吃得太多，就容易导致便秘。我邻居家的一条博美"吉米"，在连吃了好几块小排骨之后，连续3天没有大便。最后到医院一检查，发现肠道中已经塞满了干燥的粪便。

2）颗粒狗粮中添加的矿物质过多

有些劣质的颗粒狗粮，往往添加了过量的矿物质，甚至有的直接添加大量石灰。狗狗吃这样的颗粒狗粮，拉出来的大便往往颜色发白，成颗粒状，用手一捏就成粉末。这样的颗粒狗粮，就很容易导致狗狗便秘。

3）摄入的水分过少

如果狗狗吃的是颗粒狗粮，喝水又少，就有可能造成大便干燥。玩具犬和小型犬比较容易发生。

4）缺乏运动

因为缺乏运动而造成肠蠕动减少，粪便在肠道内停留过久，从而导致大便干燥。手术后比较容易出现这种情况。

3. 疼痛性疾病

疼痛性疾病（如肛门腺发炎）造成狗狗因疼痛而惧怕排便。

4. 直肠或肛门肿瘤

如果狗狗患有直肠或肛门肿瘤，通常有可能会交替出现便秘、腹泻以及大便形状突然变细的情况。

5. 年老无力

狗狗因为年老体弱、肌肉无力而排便困难。

第二类，狗狗没有便意，即1天以上没有大便，也没有做出排便的姿势。可能有以下几种原因。

1. 狗狗突然到了一个新地方，环境、作息时间和管理方法等有变化

例如，我救助的流浪狗来福到了领养人家里后曾经3天没有拉大便。分析原因，主要有3点：环境变化——我住的小区有许多大片的草坪，而领养人所在的小区没有这样的条件；作息时间变化——来福在我家的时候，我们是每天早上8：30左右出门散步，而领养人因为要上班，早上7：00左右就带它出去，而且时间比较短；另外一个最重要的原因就是，管理方法变化——在领养前来福都是自己跑到草丛里大便，而领养后因为怕走失，领养人是牵着绳子让它大便的。

2. 饮食变化，造成粪便量减少

例如，前一天进食量减少，或者食物由产便量较多的颗粒狗粮调整成产便量较少的肉类等。

3. 吞食异物，肠梗阻

狗狗吞食了异物，吃了过多的骨头或者大块的骨头，造成肠梗阻。

4. 会导致排便动作障碍的疾病，如髋关节脱位、盆骨骨折和后肢骨折等

这些疾病会让狗狗难以做出排便动作，或者在做出排便动作时感到疼痛，从而导致狗狗不愿意排便。

二、可以暂时先观察并自行处理的情况

主人可以先仔细观察，并按照以下顺序，逐一排查可能的原因，并对症处理。

1. 当主人发现狗狗做出弓背的排便姿势，却没有大便排出时，应注意以下几点

1）消除干扰因素

检查狗狗在做出排便姿势时是否受到了干扰，如鞭炮等巨响声、其他狗狗靠近、牵引绳拉得过紧等。如果是，则应带狗狗到安静的环境中，让它在放松的状态下排便。

2）检查肛周皮肤和肛门腺

看肛门周围是否有红肿破溃等肛门腺发炎的迹象，如果有，尽快送医。

如果肛周皮肤正常，则检查肛门腺是否有堵塞的迹象，如果有，帮助狗狗挤出肛门腺液（具体见第43页第一篇第四章第四节）。

3）观察肛门口

如果肛周皮肤和肛门腺均正常，则可以等下一次狗狗再做出排便姿势时，仔细观察肛门。要是看到肛门口有一块干便堵着，并且已经把肛门撑大，可以用手紧贴着肛门的根部，轻轻顺势帮狗狗把那块干便挤出来，之后，它的排便就有可能顺畅了。

对于狗狗因为年纪大而产生的排便困难，这种方法也非常有用。

如果无法用手帮助挤出粪块，还可以尝试外用药开塞露（人类药房有售）。先将密封瓶端剪开，并确保瓶口光滑，利用瓶的长颈徐徐插入患犬肛门，进入肛门口1厘米左右即可，注意不要插入过深。一边沿着肛周转动瓶颈，一边挤压软瓶，将瓶中药液均匀注入肛门内，保持挤压软瓶，确保药液在肛门内停留数秒再松开。见有粪块排出即可。对于肛门较小又比较娇嫩的幼犬，可以用适当大小的注射器，除去针头，抽取药液注入肛门。

开塞露

2. 当狗狗一整天没有大便，也没有做出排便姿势，或者只是做出转圈等排便准备动作后就离开了，主人应注意以下几点

1）是不是刚换了环境、作息时间或者换了主人等

如果是，并且狗狗其他状态一切正常，则可以多带狗狗走走，最好能够找它以前熟悉的环境（如草坪），在确保安全的前提下，松开牵引绳，让它自己活动。如果是这种情况引起的不排便，一般到第三天左右狗狗应该会主动排便。

2）调整饮食

检查前一天饮食是否有变化。如果发现是进食量减少了，则可以再等待一天看看有没有大便。如果是因为食物的内容从颗粒狗粮换成了低残留的肉类，则可以适当添加一些富含膳食纤维的食物，例如红薯、老南瓜等，然后观察大便情况。

3）药物帮助

对于患有排便动作障碍疾病，如髋关节脱位、盆骨骨折和后肢骨折等疾病的狗狗，可以用开塞露外加按摩腹部的方法来帮助排便。

三、需要尽快送医院检查的情况

当狗狗出现下列情况之一时，应尽快送医。

1. 肠梗阻

除了排便障碍，同时还有食欲不振、呕吐、叫唤（疼痛引起的）、弓背、卧地翻滚、按压腹部有疼痛反应等症状，尤其是在发病之前曾有吞食异物或者大块骨头的情况。如果有这些情况，狗狗有可能是患了肠梗阻，应当立即送医。肠梗阻需要尽快手术治疗，否则会有生命危险。

2. 3天以上没有排便

无论是否有其他症状，如果发现狗狗已经有3天以上没有排便时，也建议尽快送医。长时间不排便，大便会过于干燥，可能需要医生帮忙才能排便。

3. 肛门周围皮肤红肿破溃

有可能是因为肛门腺发炎，导致排便疼痛，造成狗狗不愿意排便。

四、对于容易出现排便障碍的狗狗的日常保健

如果已经排除了前述病理和环境变化因素，狗狗仍然经常出现一整天不拉大便，以及大便过于干燥的情况，那么你可以根据情况采取下列部分或者全部措施。

1. 加强锻炼

增加狗狗每天的活动时间，不但可以加快肠蠕动，有助于减少便秘发生的概率，还有助于提高狗狗的整体健康水平和生活质量。

2. 增加饮水量

多喝水可以改善大便干燥的情况，还有助于减少泌尿系统疾病，如尿结石、尿路感染等的发生概率。对于不爱喝水的狗狗，可以在水中加入少量肉汤、牛奶等"诱食剂"，吸引它多喝水。

3. 定时排便

调整作息时间，养成定时让狗狗排便的习惯。

留下在喝水

4. 调节饮食，包括以下几方面

1）补充膳食纤维

给狗狗适当增加红薯、老南瓜等富含膳食纤维的食物。如果狗狗能够接受，也可以在食物中添加适量麦麸。膳食纤维饮食会增加粪便量，同时会增加粪便中的水分，使粪便变软。注意，一定要先少量地添加，再逐步增加，直到狗狗的大便达标为止。

2）补充植物油

每天在食物中添加2~5毫升冷榨植物油（橄榄油、芝麻油、花生油、葵花子油等），让它润滑肠道。适量补充植物油，同时也有美毛的作用哦！

3）少吃骨头

对于经常便秘的狗狗，应少吃骨头，避免大便过于干燥。

4）挑选优质的颗粒狗粮

如果狗狗吃了颗粒狗粮之后大便发白、特别硬，捻碎后就成了粉末，那么说明你买的是掺杂了大量矿石粉的劣质狗粮，最好抛弃，不要给狗狗吃。

5. 按摩腹部

早晨起床后帮助狗狗按摩腹部。先用手掌按住狗狗腹部，先顺时针再逆时针按摩腹部，促进肠蠕动。

第四节 不进食

一、首先要分辨狗狗是有食欲还是没有食欲

1. 有食欲

如果狗狗会主动走过来闻或看一下食物，但是只吃了一点点或者完全不吃就走开了，或者趴在食物附近"守护"着食物，就说明狗狗是"有食欲"的。

2. 没有食欲

如果狗狗对任何食物都不感兴趣，最多只是稍微闻一下，或者更多的时候，连闻也不闻，甚至懒得走到食盆边上去，更不尝试去吃，这种状态就称为"没有食欲"。

来福守着它的食物

二、可以暂时先观察并自行处理的情况

如果狗狗除了没有食欲或食欲低下，没有出现其他明显症状，主人可以先仔细观察，并按照以下顺序，逐一排查可能的原因，并对症处理。

1. 挑食

如果狗狗有食欲，则很有可能是挑食引起的。

应对措施： 如果狗狗5分钟内仍然不吃，就收走食盆。过半小时左右，再拿少量它平时最喜欢吃的东西（例如罐头或者肉干什么的）给它。如果这时狗狗正常进食，就说明是挑食引起的不进食。只要通过训练纠正挑食即可。

2. 口腔问题

如果狗狗有食欲，但是对于平时很爱吃的食物也只闻一闻、不吃，或者浅尝辄止，则有可能是口腔问题造成无法进食。

应对措施： 仔细检查口腔。如果之前给狗狗吃过骨头，则应重点检查是否有骨头残渣卡在牙齿间（这种情况一般还会造成狗狗流口水）。

如果有骨头卡住，且狗狗比较配合，那么只要设法拔除骨头就可以了。

如果没有骨头残渣，则应仔细检查狗狗的牙齿、牙龈等是否有问题，以及是否有口腔溃疡等。如果发现问题，应及时送医。

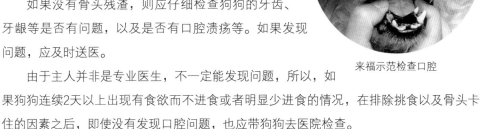

来福示范检查口腔

由于主人并非是专业医生，不一定能发现问题，所以，如果狗狗连续2天以上出现有食欲而不进食或者明显少进食的情况，在排除挑食以及骨头卡住的因素之后，即使没有发现口腔问题，也应带狗狗去医院检查。

3. 自我修复

如果狗狗没有食欲，甚至精神也略有变差（比如不如平时好动，喜欢独自静静地趴着，但主人主动去刺激它时，还是能和主人正常互动），但其他一切正常，同时也没有找出狗狗不进食的明确原因，可以在狗狗不进食5分钟后收走食盆，不要给它吃任何其他食物，等到下一餐再观察它是否进食。

先观察一天。有时候狗狗感到身体不适，会主动断食，进行自我调节。这种情况下，一般最多到第二天，狗狗就会恢复正常。

如果出现其他症状，或者到第二天狗狗仍然没有食欲的话，则应立即送医。

三、需要尽快送医院检查的情况

1. 没有食欲+全身性症状

如果狗狗表现没有食欲，同时又伴有呕吐、腹泻甚至鼻子干燥以及精神不振等全身性症状，则有可能是身体疾病造成的，如肠胃炎、犬瘟、细小病毒感染等，应尽快就医。

2. 2天以上没有食欲或者食欲低下+没有找到原因

如果狗狗连续2天不进食，或者进食量明显减少，且原因不明，也应尽快送医院检查。

第五节 口臭

健康的狗狗是不会有口臭的，顶多就是稍微有些口气。

如果你觉得你家狗狗的嘴巴很臭，千万不要以为狗狗就是这样的！口腔有异味，属于异常现象，有可能是口腔的问题，也有可能是其他一些疾病，例如消化不良，甚至肾功能障碍等的症状。

发现狗狗有口臭时，主人可以先仔细观察，并按照以下顺序，逐一排查可能的原因，并对症处理。

一、首先应检查口腔

1. 牙齿问题

1）双排牙

双排牙在玩具犬和小型犬中特别容易发生。

和人类一样，狗狗也有乳牙和恒牙。如果在换牙期间，狗狗一直没有机会啃咬硬物，那么很有可能在恒牙萌出之后，乳牙却还没有掉，这样就形成了所谓的双排牙。

由于双排牙两颗并列的牙齿间缝隙特别小，所以非常容易积存食物残渣，引起牙细菌大量繁殖，造成口臭。时间久了，就会形成牙结石，引起牙周炎，还会导致更为严重的口臭。

如果发现狗狗有双排牙，可以先尝试给它一些硬的东西啃咬。安全性高，同时效果比较好的有羊蹄和鹿角。如果啃咬了一段时间之后乳牙仍然没有脱落，那么就要请医生拔牙了。

2）牙结石

牙齿表面附着的黄绿色至褐色硬物为牙结石。

轻微的牙结石一般不会引起口臭，但如果牙结石严重，已经覆盖了一颗牙齿一半以上面积，就会引起口腔异味了。

最快的解决办法是到医院洁齿，就是我们平常说的洗牙。但因为洁齿需要全身麻醉，所以，如果牙结石不是非常严重，或者狗狗年纪较大，也可以先尝试通过各种方法护理牙齿，以减少牙结石并减缓牙结石的生成，无效的情况下再去医院洁齿。具体方法参见第24页第一篇第二章第三节。

如果正好要给狗狗做绝育手术或者其他需要全麻的手术，那么可以提前告诉医生需要给狗狗洁齿。

要注意的是，牙结石是从牙齿和牙龈交界的位置开始生长的，而这个部位的牙龈和牙齿间有一个3毫米左右深度的缝隙，称为牙周袋。在这个我们通常看不见的牙周袋内，也会有牙结石。所以，正规的洁齿术，除了要刮除我们肉眼可见的牙齿表面的牙结石之外，还应清理牙周袋内的牙结石，因为这才是引起牙龈炎的主要原因。

除了肉眼可见的牙结石之外，专业的医生在洁齿时，还会通过着色的方法，找到眼睛看不见的牙菌斑，并用工具消除。否则的话，牙菌斑很快就会发展成牙结石。

此外，在用超声波设备刮除牙齿表面结石的同时，也会因为高频的震动让牙齿表面在微观下变得坑坑洼洼，更容易吸附脏东西，生成牙结石，所以，必须在刮除结石后对牙齿表面进行打磨。

有些宠物店和不正规的小医院也会开展"洗牙"的业务，却不会清理牙周袋并对牙齿进行打磨，虽然看上去狗狗的牙齿也是一样变白白了，效果却完全不一样。

3）牙齿是否有松动、断裂、蛀牙等异常

长期不刷牙的狗狗，尤其是小型犬，不但容易得牙结石，还容易发生蛀牙。如果发现狗狗的牙齿颜色发绿或者发黑，甚至发软，并且松动，就很可能是蛀牙。

如果给狗狗啃了过硬的骨头等硬物，也容易造成牙齿断裂，甚至松动。

出现这些情况，都应该去医院请医生诊治，必要时拔除松动的牙齿。否则容易造成牙龈炎。

2. 牙龈炎

查看狗狗的牙龈。正常的牙龈呈淡粉红色。如果狗狗的牙龈颜色为深红，碰触牙齿和牙龈交界处甚至会少量出血，那么狗狗已经患上牙龈炎了。需要去宠物医院看哦！

这个时候及时干预，牙龈还能恢复正常。如果放任不管，到后期就会造成牙周支持组织（骨和韧带）不可逆的损伤，进而导致牙齿脱落，并且发展为口鼻瘘。

3. 口腔溃疡

检查狗狗的口腔黏膜。正常的口腔黏膜也是淡粉红色的。如果发现狗狗的口腔黏膜局部颜色为深红，并且有少量灰白色圆形斑点，说明狗狗可能患了口腔溃疡。

主人可以先给狗狗口服适量维生素B_2，同时在饮食中注意添加适量蔬菜水果，补充维生素。

如果3天内情况没有好转，就必须带狗狗去医院做进一步检查啦！

4. 口鼻瘘

如果发现狗狗食欲下降，牙结石严重，且有严重口臭，同时经常有脓鼻涕，甚至面部有不明发生原因且久治不愈的溃疡，那么很有可能是患了口鼻瘘。需要手术治疗。

口鼻瘘通常发生在老龄犬身上。长期严重的牙结石会导致牙周炎，牙周炎发展到一定程度可能导致口鼻瘘，即由于严重细菌感染，牙齿根部的牙龈组织发炎化脓，累及深部的组织，在鼻腔和牙龈之间形成瘘道，里面充满脓液，严重地甚至会贯穿到面部，形成面部久治不愈的溃疡。

口鼻瘘引起的面部溃疡
（"小熊"友情提供）

二、消化不良

消化不良有时也会引起口臭。

如果已经排除前面的口腔问题，并且狗狗的口臭和进食有关，即平时不怎么明显，但进食几小时后有明显口臭，有时还可听见狗狗的腹部有"咕噜咕噜"的肠鸣音，则很有可能是消化不良引起的。

可以尝试适当调整狗狗的饮食，如减少每顿喂食量，同时在狗狗进食之前给它喂食1~3片多酶片，帮助消化。如果口臭有明显改善，则说明的确是因为消化不良引起。

三、其他疾病

如果既不是口腔问题，也不是消化不良，则很有可能是其他疾病例如肾病的表现。应尽早带狗狗去医院检查。

第六节 耳道内有黑褐色分泌物

狗狗正常的耳道应该是干净的，或者仅有少量黄褐色耳垢，耳郭及耳道的皮肤一般呈淡粉红色，手摸上去凉凉的（运动后发热属于正常现象）。但是，如果狗狗的耳道里突然出现大量黑褐色分泌物，甚至伴有耳道皮肤发红、发烫，就属于异常现象了。造成这种情况的原因一般有：耳螨、真菌，以及细菌感染。

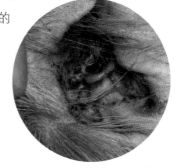

耳道内有大量黑褐色分泌物

一、耳螨

1. 什么是耳螨

耳螨是犬猫常见的耳道寄生虫。一般寄生于耳道皮肤表面，会引起大量耳脂分泌以及淋巴液外溢，并且往往继发细菌感染，造成外耳炎，严重的情况会造成中耳炎或内耳炎，以及耳血肿。

耳螨只有零点几毫米大小，在肉眼看来就是比芝麻还小的白点。

2. 如何确认狗狗感染了耳螨

在医院，医生会通过耳镜或者显微镜找到活动的螨虫来确诊。我们在家里，如果发现有以下症状也可以基本确认狗狗是感染了耳螨。

- 在狗狗耳道内发现有少量比芝麻还小的白点附着在皮肤上，取下来后用两个指甲盖对着掐一下能听到"哔"的一声，同时"白点"会破裂，则基本可以确定是耳螨。也可以把白点放在深色的纸上，用放大镜仔细看，如果能看清是小虫子，就确定无疑了。
- 由于耳螨的刺激，造成外耳道及耳郭瘙痒，所以狗狗经常出现挠耳、摇头甩耳朵或者把头抵在地上摩擦耳朵的动作。
- 耳道内产生大量油性黑褐色分泌物。其中有许多呈块状或者片状，用手捻时不容易捻开，感觉中间有硬硬的皮屑样物质（如果是其他原因而形成的耳垢，是泥状的，可以用手均匀捻开）。同时耳道中还会出现大量油状的褐色液体。

3. 耳螨感染中后期症状

耳螨感染若进一步严重，除了上述的症状之外，还会出现下列症状。

- 耳郭上可能会有多个红色疹状小结（红色小颗粒），同时，耳郭皮肤发红，手感微微发烫，这是由于耳螨的刺激使皮肤红肿和发炎。
- 耳郭上会起厚壳，用手可以轻易剥落。
- 耳郭边缘脱毛。有时可以轻易连硬壳一起拔下一簇耳朵上的毛。
- 耳血肿。由于瘙痒，狗狗经常会用爪子用力弹击耳朵，容易导致耳部皮下小血管破裂而形成大血泡，称为耳血肿。主人看到的情况就是狗狗的耳朵突然鼓成了一个像饺子一样的大包。耳血肿可能导致听觉失灵。还容易继发细菌感染，形成脓肿。发生耳血肿必须通过手术治疗。
- 中耳炎甚至内耳炎，耳道增生。如果外耳道长期感染，病变会延及中耳、内耳甚至大脑前庭，造成中耳炎或内耳炎，可能有耳道流脓、听力受损、失去平衡等症状。还会造成耳道增生，增生的组织堵住耳道，导致耳道深处的脓水和污垢无法排出，药物又无法到达病灶，更使得耳炎久治不愈。耳道增生需要尽早通过手术治疗。

耳血肿（"歪歪"友情提供）

二、真菌、细菌感染

很多主人一发现狗狗的耳道里有黑褐色分泌物，就认为是耳螨造成的。甚至有很多宠物店的美容师，为了推销药品，在给狗狗洗澡的时候，只要发现耳朵有点脏，就会告诉主人说狗狗感染了耳螨。

其实，有的时候，可能并不是耳螨感染，而是真菌或者细菌，或者二者合并感染造成的。

这种情况和耳螨感染的最大区别是，耳螨感染初期，狗狗就会因为瘙痒而出现频繁挠耳朵、甩头的动作；而细菌或者真菌感染在初期不会瘙痒，因此没有频繁抓挠耳朵、甩头的动作。

同时，这种情况下产生的分泌物是泥状的，可以用手均匀捻开；而耳螨所产生的分泌物有很多是片状或者块状的，不容易捻开。

三、可以暂时先观察并自行处理的情况

1. 耳螨感染早期

如果主人发现及时，狗狗耳道只出现了大量黑色分泌物，没有发生中后期的症状，可以先尝试自己在家里进行治疗。

1）先清洁耳道

具体见第45页第一篇第五章第二节。

2）再治疗

清洁完毕后，往耳道内滴入杀螨虫、消炎的药剂。

杀螨的药剂有很多。我自己用过的是法国威隆的耳肤灵，方便，效果好，除了杀螨，同时还有消炎抗菌以及抗真菌的作用（狗狗感染耳螨的同时，往往还会混合感染细菌和真菌）。但是耳肤灵假货很多，最好到可靠的实体店购买。

2. 轻微的外耳发炎

如果发现狗狗耳道突然出现很多黑褐色分泌物，且分泌物成泥状，可以用手捻开，同时耳道也有些发红，狗狗没有明显瘙痒表现，那么很有可能是外耳发炎。

1）引起外耳炎的常见原因有两种

洗澡水入耳。回顾一下近期狗狗是否刚洗过澡。

外伤。两条狗狗打架或者互相咬耳朵打着玩，以及频繁给狗狗掏耳朵都有可能造成耳道损伤，引起发炎。

2）如何处理

如果主人发现早，炎症不厉害（耳道微微有些发红，有黑褐色分泌物，但没有流脓），可以尝试家庭治疗，方法如下：

- 先清洁耳道（具体见第45页第一篇第五章第二节）。
- 再治疗。清洁完毕后，在红肿部位滴2滴抗生素滴耳液或者眼药水。

一日2~3次，重复上述工作。如果采取以上措施后情况好转，则连续用药1周，直至耳朵完全恢复正常。若3日内没有好转，则需尽快到医院检查是否还有别的问题，如异物入耳或者中耳炎、真菌感染等。

四、需要尽快送医院检查的情况

情况一：同时发生耳血肿。
情况二：耳道感染严重，发臭，有脓水流。
情况三：耳道内有异常分泌物的持续时间较久，超过1个月。

第七节 泪痕

有的狗狗眼角会出现所谓的"泪痕"，即因为眼泪溢出没有及时清理，而在眼睛下方形成褐色的泪痕。

造成狗狗眼泪溢出的常见原因大致有以下几种，主人可以逐一对照检查，先排除和处理简单的情况。

一、泪液分泌过多

狗狗的眼睛有一个"排水系统"，包括在上下眼睑靠近鼻子的一侧各有一个小孔，称为"泪点"，以及在鼻腔中和泪点相连通的一个管道，称为"鼻泪管"。泪点相当于"地漏"，鼻泪管则相当于"下水道"。在正常情况下，狗狗分泌的泪液除了滋润眼球以及自然蒸发之外，多余的部分就会通过这个"排水系统"进入鼻腔。在特殊情况下，泪液分泌过多，来不及从"排水系统"中排走，就会溢出眼眶，时间久了，就形成了泪痕。

1. 眼睛周围毛过长

首先检查狗狗的眼睛是否有发炎的情况，即结膜是否发红（就是眼球最外面一圈白色的部分，正常是白色的），是否有脓性眼屎。如果结膜正常，也没有脓性眼屎，只有少量褐色的眼屎，同时发现狗狗眼睛周围毛过长，则有可能是眼睛周围的毛刺激引起的。

有些品种的狗狗特别容易产生泪痕，例如：马尔济斯、比熊、贵宾、西施、可卡、博美、京巴等。这些狗狗的特点是眼睛大、眼睛周围的毛长。这样的特点就造成很容易有毛进入眼睛。

应对措施：每天用纱布或者棉签蘸水清理泪痕并

小黑眼睛周围的毛

擦干，定期将眼睛周围的毛剪短，以免毛入眼睛，观察流泪问题是否消除。

2. 异物刺激

如果发现狗狗平时正常，突然泪水增多（可能伴有结膜发红）、眼屎增多，甚至有脓性眼屎，而眼睛周围毛又没有其他异常，那么很有可能是受到异物刺激引起的，例如：洗澡时脏水入眼，外出时小飞虫或沙子入眼或者被杂草扎到眼睛，或是遇到有刺激性的气味等。

给狗狗洗澡时如果没有注意，导致脏水入眼，容易发生这种情况。因此，如果狗狗平时眼睛正常，在洗澡后突然出现结膜发红、流泪的情况，首先就要考虑是脏水入眼引起发炎。

狗狗受到异物刺激，会产生保护性反应而大量流泪，有时候会不治而愈，因为狗狗眼睛经过大量眼泪的冲洗，会把刺激眼睛的异物排出去，一般到了第二天就会明显见好。

但狗狗往往会因为眼睛的异物感而用爪子去挠，这样就容易因为爪子上的细菌引发感染并造成结膜发炎。

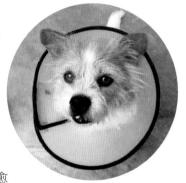

应对措施： 给狗狗戴上伊丽莎白圈（头套），防止抓挠，同时用抗生素眼药水滴眼。

先用医用棉签蘸温开水擦去眼屎，再一日3~4次滴抗生素眼药水。如果没有眼屎，或者眼屎较少，可以滴氯霉素眼药水；如果脓性眼屎较多，建议用氧氟沙星眼药水。

来福戴着伊丽莎白圈

如果第2天情况好转，则可以继续用药，直至痊愈（一般3~5天）。如果2天内没有好转，甚至情况更加严重了，就需要尽快送医。

3. 瞬膜突出

瞬膜突出也称为第三眼睑增生。如果发现狗狗内侧眼角有小肉球似的增生物，并且有怕光、流泪以及眼睛轻度充血的情况，则有可能是第三眼睑增生，应尽快去看医生。

刚开始还有可能通过药物治疗，但随着增生物的长大，就必须要手术治疗了。而且第三眼睑增生所造成的充血、肿胀，会导致狗狗用脚爪挠眼睛，致使炎症加重，引起结膜炎、角膜炎，甚至角膜溃疡、失明等严重后果。

瞬膜突出的流浪狗

4. 眼睛结构异常

因为先天性的原因，有些狗狗会出现眼睑内翻，即眼睑（俗称眼皮）边缘向眼球方向内卷；还有的会出现睫毛异常，包括倒睫毛，即睫毛向眼球弯曲生长；异位睫，即睫毛从眼睑里面长出等。这些异常的情况都会导致睫毛长期刺激眼睛的角膜（眼球最外面一层结构），导致泪液大量分泌。

由于睫毛的长期刺激，除了产生泪溢之外，还会造成慢性结膜充血（眼白的部分发红）、结膜表面血管增生（正常情况下眼白上是没有血管的），以及角膜溃疡（黑眼球的部分好像破了一个洞似的），如果不及时治疗，最终会导致失明。

因倒睫毛而产生泪痕
（"布莱迪"友情提供）

二、泪液排出障碍

可能是因为鼻泪管狭窄或堵塞、鼻泪管开口异常。

如果泪液的分泌量正常，但是"排水系统"出了问题，那么也会导致泪液因为无法通过"排水系统"顺畅排出，而发生泪溢。例如由于先天性的原因没有泪点（即鼻泪管开口），或者只有一个泪点；或者因先天或后天的原因，鼻泪管出现狭窄甚至堵塞，这些情况都会导致泪液无法正常排出。

如果已经排除了第一类中的所有泪液分泌过多的情况，那么就要考虑这种可能性。

应对措施：这类原因引起的泪溢，对狗狗的健康没有大的影响。平时可以经常用3%的硼酸溶液（人类药房有售）擦拭泪痕，以免因为毛长期被眼泪浸湿而造成掉毛，并对皮肤造成刺激，导致局部的皮炎。如果有机会，例如狗狗正好要做绝育手术等，最好请医生检查并处理。

三、需要尽快送医院检查的情况

情况一：伴有结膜发红、脓性眼屎，且用抗生素眼药水3天以上没有明显好转。

情况二：伴有眼结膜（眼白）表面有血管增生，和/或角膜溃疡。

情况三：发现有眼睑内翻或者睫毛异常情况。

第八节 皮肤问题

皮肤问题表现出来的症状不尽相同，引起皮肤问题的原因也有很多。有些主人一发现狗狗的皮肤有问题，就觉得狗狗是得了"皮肤病"，然后自己在网上买些治疗"皮肤病"的药物来用，结果却一直不见好，甚至越治越严重。其实"皮肤病"只是对所有皮肤问题的一种统称，要真正有效治疗"皮肤病"，还得先找到病因。

发现狗狗皮肤出现问题时，主人可以根据狗狗的表现和皮肤的症状，先自我排查和处理一些简单的问题。

一、可以暂时先观察并自行处理的情况

1. 皮肤瘙痒

引起皮肤瘙痒的原因有很多，当主人发现狗狗频繁用爪子在身上挠痒，应立即查看抓挠部位的皮肤。

1）刚开始挠的时候，皮肤看上去正常，抓挠之后就出现很恐怖的血痕，没有大片突起的红疹，或者仅有少量分散的红疹，无鳞屑，刚开始抓挠时没有掉毛

很有可能是下列情况之一引起的皮肤刺激症状，可以按顺序逐一排查：

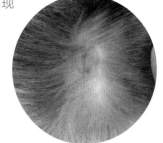

皮肤抓挠后产生的血痕

可能原因之一：跳蚤、虱子、蜱虫等体外寄生虫

如果发现狗狗除了经常抓痒之外，还会突然回头用嘴去咬身体的某一部位；同时狗狗又没有做过体外驱虫，或者距离上次驱虫时间已经超过1个月，而发生瘙痒时又正好处于春夏季节，那么首先应该怀疑是不是跳蚤、虱子、蜱虫等体外寄生虫咬引起的。

因为这些体外寄生虫在吸食狗狗的血液时，其唾液往往会使狗狗的皮肤因为过敏而瘙痒。

应对措施：检查是否有体外寄生虫，如果有的话驱虫。具体方法参见第151页第二篇第四章第二节。

可能原因之二：沐浴露、剃毛等引起的皮肤刺激

如果狗狗在洗过澡或者剃过毛之后不久（当天或者第二天）就发生瘙痒，且没有发现寄生虫的踪迹，并且已经驱过虫，还在保护期内，那么主人应考虑是不是由于沐浴露

或者剃刀的刺激造成皮肤瘙痒。

使用刺激性比较强的沐浴露，例如泡沫特别丰富的，或是具有驱虫作用的药用沐浴露；或者沐浴露没有冲洗干净，对于皮肤敏感的狗狗来说，都容易引起皮肤刺激。刺激的症状就是瘙痒，从外表看，皮肤并无异常，但是狗狗自己用爪子抓挠后就会出现一道道血痕。如果主人不及时处理，还有可能因为细菌感染而化脓。

另外，狗狗某些部位的皮肤特别娇嫩，例如眼睛周围、大腿内侧、生殖器附近等，这些部位如果用金属推子直接剃毛的话，很容易因为刀头的刺激而使皮肤过敏。

剃毛引起的脚部皮肤过敏

应对措施：

去除刺激物	如果怀疑是沐浴露引起的，应尽快用清水再给狗狗洗个澡，多洗几遍，以便彻底清除残余的沐浴露。水温不要过热，接近体温就行了，温度过高容易使瘙痒加剧。 洗完之后用吸水毛巾尽量擦干后再吹风。控制吹风的温度，不要太烫，风筒不要离皮肤太近。
舒缓皮肤、减轻瘙痒	找一些温和的止痒药膏，涂在瘙痒部位的皮肤上。可以用芦荟凝胶（在人类的药房里有售）。芦荟凝胶是纯天然的产品，有止痒消炎作用，不刺激，没有不良反应。 我曾经遇到过一条名叫"Teeny"的比熊，美容回来后一直抓眼睛，眼皮上起了一道道吓人的血痕。主人去医院花了好几百元钱，开了药，还是不管用，只能24小时给它戴着伊丽莎白圈。我仔细观察后，发现它的眼睛周围刚剃了毛，因此怀疑是金属接触过敏造成的。建议"Teeny妈妈"给它涂点芦荟凝胶，同时避免让狗狗自己抓挠，结果很快就好了。

防止狗狗 自己抓痒	>	狗狗的脚指甲里充满了细菌，抓起来又不知道轻重。所以尽量不要让狗狗自己抓痒，否则容易继发细菌感染。 如果看到狗狗有抓痒的动作，主人可以轻轻地帮它挠几下，消除痒感，然后涂点止痒药。主人不在身边的时候应给狗狗戴上伊丽莎白圈。
对破溃处 进行处理	>	对于已经被狗狗抓破的部位，如果没有化脓，应在患处涂聚维酮碘，一日2~3次。如果已经破溃流脓，则应先用聚维酮碘清洁患处，再用抗生素软膏，例如百多邦软膏，一日1~2次，直至痊愈。

可能原因之三：食物过敏

如果排除了前两种的可能性，应考虑是否有食物过敏的可能性。蛋白质是造成食物过敏的元凶。检查在瘙痒发生的近期是否给狗狗吃过以前从未吃过的蛋白质来源，例如牛肉、海鲜等，或者是否新换了颗粒狗粮。

应对措施：

停吃 嫌疑食物	>	立即停止给狗狗吃有过敏嫌疑的食物。
止痒防挠	>	用止痒药膏止痒，并防止狗狗自己用爪子抓挠患处。
去医院	>	瘙痒严重的可以去医院使用抗过敏药物止痒。

我家来福有一天无缘无故出现皮肤瘙痒症状。检查健康记录表，发现前一天给它吃的是以前从来没有吃过的三文鱼。因此怀疑是食物过敏。于是停吃三文鱼，芦荟胶止痒，并防止它用爪子抓，症状很快就消失了。

可能原因之四：秋冬季节皮肤干燥

如果狗狗在秋冬季节经常到处挠痒，如果已经排除了前面三种可能性，那么很有可能是因为季节的关系，狗狗因为皮肤干燥而感觉瘙痒。

绝育过的母狗，因为雌激素水平降低的关系，尤其容易发生这种状况。这种瘙痒，通常不会很厉害，所以主人会看到狗狗每次抓痒的时间不长，幅度也不是很大，一般稍微抓几下就会停止。同时很有可能会伴有皮屑。

应对措施：

舒缓皮肤，止痒	可以给狗狗涂点芦荟凝胶，或者人用的护肤水、橄榄油、润肤露什么的都可以。
合理洗澡	减少洗澡次数，秋冬季节一般一个月最多洗2次，老年犬更要适当减少洗澡次数；不要用太热的水（接近体温即可）；使用温和不刺激的沐浴产品（无化学添加剂的手工皂是很好的选择）；洗澡后要彻底冲洗干净；吹风温度不要太高，风口不要离皮肤太近；洗澡后按上一条中的说明护肤。
补充营养	给狗狗适当补充点多不饱和脂肪酸。可以买宠物专用的深海鱼油，或者买些三文鱼边角料熬出三文鱼油，每次吃饭时给狗狗添加一点。
环境保湿	秋冬季节天气干燥，家里如果开暖气或者使用其他取暖设备的话，会使空气更加干燥，更容易引起皮肤瘙痒，因此要注意保持适当的空气湿度。可以使用加湿器，或者在取暖设备附近放一碗清水。不要让狗狗长时间待在取暖设备附近。

2）狗狗的皮肤上有一个个突出于皮肤的、小米粒大小的红点，腹部较多。

可能原因：

湿疹，有可能是螨虫感染引起的。由于狗狗会因为瘙痒而自己抓挠啃咬，所以有时候会出现继发的大片鲜红色血痕甚至破溃。

螨虫是一种常见的寄生虫，一般不致病。但是如果环境潮湿、肮脏就会造成螨虫的大量繁殖，或者当狗狗抵抗力下降时，就有可能因为螨虫感染而出现上述皮肤症状。

腹部红疹

应对措施：

涂药水	>	在红色颗粒上涂聚维酮碘或者洁尔阴洗液，一日3次。如果皮肤破溃，则不能涂洁尔阴洗液，可以涂完聚维酮碘后，再涂点抗生素药膏，例如百多邦药膏。
避免抓挠	>	不要让狗狗自己抓挠。发现狗狗在抓挠时，主人可以先制止，然后帮助它轻轻地抓挠几下止痒，再涂上聚维酮碘或洁尔阴洗液。如果主人不在身边，可以给狗狗穿上全棉质地的衣服（可以用T恤衫自制，制作方法见第171页"准备4：准备好手术衣"），防止抓破皮肤造成继发感染。
狗毛保持干燥	>	注意保持狗狗的毛干燥、清洁，洗完澡后一定要彻底吹干毛。
窝垫清洁干燥	>	彻底清洁窝垫，并保持干燥。不要让狗狗睡在直接着地的窝垫里，因为狗狗睡觉时身上产生的热气无法散去，会形成湿气从地面返回到窝垫，使窝垫成为适合螨虫繁殖的环境。离地有间隙的小木床配上窝垫是很好的选择。窝里面应垫上毛巾毯，便于经常更换，保持清洁干燥。

如果3日内没有好转，红色颗粒有蔓延趋势，甚至局部有脓肿出现（红色颗粒颜色开始发白），则应尽快就医。

2. 几乎没有瘙痒

有鳞屑，可以用手连毛带鳞屑一起剥掉，并且形成边界清晰的红色圆形斑块。

可能原因： 真菌感染

应对措施：

小木床

真菌感染形成的圆形斑块
（"奥利奥"友情提供）

涂药水 >	病情轻微、发病部位范围较小的，可以尝试在斑块部位涂洁尔阴洗液、达克宁霜或者其他广谱抗真菌的药膏（涂完药膏后注意戴伊丽莎白圈防舔）。
狗毛保持干燥 >	注意保持狗狗的毛干燥、清洁，洗完澡后一定要彻底吹干毛。
窝垫清洁干燥 >	彻底清洁窝垫，并保持干燥。最好使用离地有一定间隙的小床。
尽快就医 >	如果发病部位范围较大，或者采取上述措施后3日内没有好转，且有蔓延趋势，应尽快就医。

二、需要尽快送医院检查的情况

1. 疥螨感染

狗狗严重瘙痒，局部皮肤变厚、结痂，耳朵边缘形成厚痂，有可能是疥螨感染。疥螨感染容易传染，而且会特别痒，严重影响狗狗的生活，抓挠后又容易继发细菌感染。

2. 蠕形螨感染

狗狗，尤其是10月龄以前的幼犬，头面部局部脱毛、斑秃，皮肤潮红，毛囊周围有红色的小突起，有可能是蠕形螨感染。不及时治疗会蔓延到全身，并引起脓皮症。

腊月2个多月时眼部因蠕形螨而脱毛

3. 对称性脱毛

有可能是内分泌紊乱，例如肾上腺皮质机能亢进（库欣综合征）、甲状腺素减低等原因引起的。这些问题不但会引起脱毛，还会导致皮肤的保护功能下降，从而容易继发细菌和真菌感染，引起更为严重的皮肤问题。

4. 凡是自己处理3天以上没有明显改善的

很多皮肤病的病因需要在医院做进一步检查才能确诊，而且往往是多种原因混合导致的，因此，主人如果自己在家简单处理后没有效果，就应尽快送狗狗去医院接受专业的治疗。

第九节 尿频

如果发现狗狗排尿次数突然增加，主人一定要引起重视，因为尿频很有可能是许多疾病的症状。主人应仔细观察狗狗排尿以及饮水的情况，以做出基本的判断。

一、狗狗排尿次数增加，但是每次排尿顺畅，尿量正常或者增加，同时饮水量也明显增加

来福正在撒尿

此类尿频可能是饮水量增加导致的。由于狗狗不会像人类一样通过大量流汗来蒸发水分，因此只要饮水量增加，就必然会导致排尿增加。如果你按照第65页第二篇第一章第二

节中的建议，坚持每天记录狗狗的饮水量，就很容易证实这种可能性。

1．天气炎热，运动量增加，或者饮食变化，例如由湿粮转换成了干粮，或吃了含盐量过高的食物

应对措施：如果主人觉得有可能是上述原因导致饮水量增加，那么应先消除这些因素（例如让狗狗待在温度适宜的室内、减少运动量、恢复正常低盐食物等），同时仔细观察狗狗是否还有多饮多尿的情况。如果没有了，就说明是这些因素导致的，不用担心。

2．狗狗发情

一般正在发情的狗狗也会主动增加饮水量，以便出门后可以到处撒尿，做标记。因此在主人看来，也会觉得狗狗的排尿次数增加了。

但和第1种情况不同的是，发情的狗狗需要用尿液来做标记，所以它会尽量"省"着用，每次只尿一点点，然而排尿却仍然是顺畅的。

应对措施：检查狗狗是否发情。如果你家狗狗正在发情，那么这种多饮多尿也属于正常。

3．精神因素

有时候，精神过度紧张，也会导致狗狗出现多饮多尿的现象。如果排除了前面2种可能，狗狗饮食、大便、体温、精神状态等也一切正常，主人应考虑是否有什么因素导致狗狗精神紧张，例如更换环境、引进新的小伙伴等。

应对措施：尽量消除可能造成紧张的因素，例如给狗狗提供有熟悉气味的窝垫，给它提供一个单独的有安全感的空间等，观察这种情况是否有改善。

4．糖尿病、肾病等疾病因素

如果已经排除了前面3种可能性，同时狗狗又有"三多一少"，即多饮、多食、多尿，但是体重减少的症状，则应警惕是否有患糖尿病的可能性。一般来说，原来比较肥胖的中老年犬比较容易发病。

肾功能出现障碍时，也有可能出现多饮多尿的症状。如果狗狗同时还出现了食欲不振、精神不振等症状，要排查是不是肾功能出现了问题。一般也是中老年犬容易发生。

应对措施：尽早送医院检查。

二、狗狗排尿次数增加，每次排尿顺畅，尿量减少，但是饮水量没有明显增加

可能原因：母狗怀孕或者假孕

参见第76页"未绝育母狗行为变化"。

三、狗狗饮水量并未明显增加，但有尿频、少尿、尿淋漓、尿不尽等症状

狗狗排尿次数明显增加，但每次排出的尿量很少，尿液呈滴状、线状或者淋漓断续排出，而且尿了几滴之后，并不马上恢复正常姿势，而是继续保持撒尿的姿势，但又没有排尿，好像尿不干净的感觉。

同时，主人往往会发现狗狗突然开始有"乱尿"的现象。原来会在家里定点小便的，现在可能在家里随意尿；原来出门在草坪上尿的，现在可能当街随地小便。

1. 尿路感染

如果狗狗仅出现尿急、尿频、尿不尽的现象，而且尿量虽少但每次还是有尿液排出，并且排尿时没有明显痛苦，那么很有可能是轻微的尿路感染。

应对措施： 主人可以到人类的药店买尿感冲剂，用水冲泡后给狗狗喝。如果狗狗不喝，可以尝试用肉汤冲泡。同时注意让它大量饮水（注意及时带它排尿）。如果狗狗不喜欢喝水，可以在水里加点牛奶、酸奶、罐头食品或者煮点肉汤给它喝。

如果3天内有明显好转，那么可以继续服用尿感冲剂达一个疗程（10天）。如果没有明显好转，则应尽快送医。

案例

我曾经遇到一条1岁左右的雌性金毛"多多"。当时它走在路上，频繁地在路中间停下来就地小便。每次尿得很少，而且尿完之后总要再蹲一会儿才起身。主人说它平时撒尿总要有些转圈、闻嗅的准备动作，而且从来不会在路中间就地蹲下尿，尿的次数也要少得多，尿完会很干脆地起身。询问后得知那段时间"多多"正好在发情，主人为了保持家里干净，就给它穿上生理裤，用了人类用的卫生巾。而主人白天是要上班的，也就是说，多多要连续十几个小时穿着生理裤，并且不能更换卫生巾，这样是非常容易造成阴部细菌大量繁殖，引起尿路感染。后来多多就是喝尿感冲剂治愈的。

2. 尿结石、膀胱炎、前列腺炎、肿瘤

如果狗狗不仅有尿频尿急的现象，而且排尿时还有疼痛反应（呻吟），有时尿中还会有血，甚至光有排尿的动作却排不出尿来，则很有可能是尿路结石、膀胱炎或者前列腺炎等疾病。

当发生尿道完全堵塞、尿液不能排出（即闭尿）的情况时，如不及时治疗，就有可能引起膀胱破裂、腹膜炎、肾衰竭或者尿毒症，危及狗狗的生命。

应对措施：尽快送医。如果已经闭尿了，应立即送医。

四、需要尽快送医院检查的情况

情况一：一整天没有排尿，或者只排出了极少量的尿液。可能是发生了闭尿，应立即送医院导尿。

情况二：尿液中有明显的鲜血。

情况三：没有找到尿频的原因。

情况四：服用"尿感冲剂"3天，没有明显好转。

从膀胱结石患犬膀胱内取出的结石

第十节 腿瘸

狗狗突然腿瘸了，主人心急如焚。别急，先检查一下看是不是下列原因引起的。

一、可以暂时先观察并自行处理的情况

1. 脚掌受伤

如果狗狗的脚掌扎进了木刺、被碎玻璃划伤、被尖锐的小石子硌了一下，或者被粗糙的路面磨破了皮等，都有可能导致狗狗因为疼痛而害怕脚掌着地，变成瘸腿。

应对措施：

查找真凶 〉	如果在户外遛狗时，主人发现狗狗的一条腿突然不敢着地，最好立即回到事发地点仔细检查，看地上是否有木刺、碎玻璃、小石子之类的"凶器"。
检查脚掌 〉	仔细检查狗狗的脚掌，看是否有外伤，以及是否有木刺、碎玻璃、小石子之类的异物。如果有的话，马上把狗狗抱回家处理，不要让它自己走，以免刺或者碎玻璃扎得更深。
取出异物 〉	如果发现有刺，或者有碎玻璃，应用镊子取出，然后用聚维酮碘消毒。

| 出血的处理 | > | 如果有少量出血但看不到异物，可以先用聚维酮碘消毒。过一两个小时后再用手轻捏狗狗的伤处，如果没有明显反应，说明只是划伤，涂几次聚维酮碘就好了；如果有明显疼痛反应，则有可能有异物留在伤口内，应请医生检查。 |

破皮的处理 > 如果脚掌磨破了一点皮，也可以用聚维酮碘消毒。狗狗在水泥、石子等粗糙的路面上快速奔跑，"急刹车"时非常容易磨破脚皮。平时注意不要让狗狗在这样的路面上玩捡球等往返跑的游戏，避免"急刹车"的动作。

被碎石磨破脚垫皮肤导致腿瘸
（"瓦纳卡"友情提供）

外观无异样的处理 > 如果肉眼看不到脚掌有任何异样，而事发地点又有尖锐的小石子的话，则很有可能是被石子硌了一下。主人可以用手由轻至重地捏狗狗的脚掌和各个脚趾，如没有疼痛反应，可以突然往前跑，引诱狗狗来追赶自己。若只是被石子硌了一下，狗狗会很快忘记疼痛，四脚着地跑步。

2. 扭伤或骨折

如果狗狗的脚掌一切正常，而之前狗狗又有突然猛跑或者从高处跳下的动作，那么要考虑是不是扭伤或者骨折。

应对措施：

骨折 > 用手顺着脚掌往上由轻至重地捏狗狗瘸腿，直至大腿根部，看是否有疼痛反应。如果轻轻一碰就有剧烈的疼痛反应，则很有可能是骨折了，应立即送医。送医的过程中注意尽量让伤腿保持不动。

扭伤 〉如果轻捏没有反应，要捏得重才会有反应，则有可能是扭伤了。可以采取先冷敷、再热敷的措施。

在伤后的48小时内用冰袋冷敷（没有冰袋时可以把湿毛巾绞干后放到冰箱冷冻10分钟左右后用，或者用干毛巾包上冰棍进行冷敷），越早冷敷越好，每次15分钟，一日3次。同时限制狗狗的活动。

48小时后用热毛巾、暖宝宝等进行热敷（可以用微波炉把湿毛巾加热），温度在40℃左右，每次15分钟，一日3次。

仔细观察，如果狗狗在3日内恢复正常，可以暂时不用去医院，否则，还是要到医院进一步检查。

3. 心理因素

在特殊情况下，狗狗会装瘸。

如果主人因为某种原因忽略了狗狗，例如家里来了新成员等，而狗狗又因为偶然腿瘸（例如扎到刺了）而获得了主人的特殊关怀，那么聪明的狗狗很有可能为了引起主人的重视而装瘸。

如果没有发现明显的问题，可以假装不注意，偷偷观察狗狗。要是主人不看它时不瘸，看它的时候就瘸了，就说明很可能是装瘸。

应对措施：主人应主动加强对狗狗的关心，但是不要去管它的腿。几天后，狗狗会觉得没有必要装瘸而自动"痊愈"。

瘸腿的小狗

二、需要尽快送医院检查的情况

如果排除了上述所有可能性，而狗狗又连续几天出现腿瘸的现象，或者发现狗狗经常出现偶尔腿瘸，呈三脚跳的姿态，过一会儿又恢复正常的症状，都应尽快到医院检查。因为，这种腿瘸，有可能是下列疾病引起的：

1. 髌骨异位

这是贵宾、泰迪、比熊、博美等小型犬的常见病。早期的表现一般为刚起步时呈三脚跳，一条腿瘸，但起步后会很快恢复正常。

髌骨异位分4级，I级最轻，IV级最重。尽管网上有些医生会说，I、II级的情况不必手术，可以让狗狗自己复位，或者通过人工辅助的方法帮助狗狗髌骨复位。但是这种方法并不治本，狗狗还是会反复发生髌骨异位。

如果狗狗年轻好动，那么，若在II级的时候不及时手术干预，则异位的髌骨会在长期摩擦下导致关节炎；同时，腿脚不稳定又会导致十字韧带断裂甚至骨质增生；最终，该腿会因为长期疼痛、无法着地而肌肉萎缩。

如果早期手术干预，不仅相对来说费用低，而且恢复起来也快，狗狗也少遭罪。若拖到后期再手术，不仅狗狗白白承受了长期的痛苦，而且由于病情的复杂化，手术费用也会高得多。

所以，如果狗狗的年龄在10岁以下，最好及早手术干预。

2. 十字韧带断裂

常见于肥胖的中大型犬。由于狗狗的体重过大，膝关节长期承受过大的压力，最终会导致十字韧带断裂。一旦发现这类狗狗有一条腿着地困难的情况，要尽早送医。如果拖延不治，不但这条腿病情会加重，还会累及另一条腿。前面提到的小型犬髌骨异位，如果长期不诊治，也会导致十字韧带断裂。

平时一定要注意控制狗狗的体重。尤其是在幼犬时期，就要注意避免喂食过多。肥嘟嘟的幼犬固然可爱，但是如果养成了一个大胃王，那么长大后因为患肥胖症而导致十字韧带断裂的概率会大大增加。

十字韧带修复手术后的小泰迪
（"小咖"友情提供）

3. 髋关节发育异常

这种情况多见于中大型犬，如金毛猎犬、德国牧羊犬、纽芬兰犬、英国赛特猎犬等。中大型犬的幼犬如果喂食量过多，导致生长过快，就更容易发生髋关节发育异常的情况。控制饮食、减轻体重，能减轻关节的负重，缓解症状。

第十一节 外伤的处理

经常在户外活动的狗狗，受点外伤在所难免。

常见的受伤原因有：因为打架而被咬伤；脚垫踩到地上的碎玻璃而划伤；脚指甲因为踢到水泥台阶等坚硬物体而剥落等。发生这种情况时，主人不要惊慌，可以先按照以下步骤处理。

一、安抚情绪

狗狗刚受伤时，尤其是因打架而受伤时，由于疼痛以及打架时受到的惊吓，会感到非常害怕。主人千万不能在狗狗惊魂未定的时候急着去检查和处理伤口，那样很有可能会让狗狗在心理上受到二次伤害，以为主人是要伤害它，从而抗拒检查，甚至咬伤主人。

比较好的做法是把狗狗带到一个没有干扰的安全角落，轻柔而缓慢地抚摸没有受伤的部位，可以尝试按摩印堂，同时低声温柔地跟狗狗说话，例如告诉它"别害怕"，让狗狗在主人的身边体会到安全感，从而慢慢安静，放松下来。

这一步非常重要！！！

二、检查伤口

等狗狗安静下来之后，轻轻地翻开毛，仔细检查伤势，查找伤口。

三、处理伤口

狗狗其实是听不懂人的语言的，对于大部分受伤的狗狗，你很难用语言告诉它："我现在弄痛你，是为了帮助你处理伤口，你忍一忍。"如果处理不当，弄痛了狗狗，很有可能让它误以为你在伤害它，从而产生抗拒心理和行为。

所以我们在处理伤口的时候，一定要以尽可能不让狗狗感到害怕、不引起狗狗疼痛为原则，不要对狗狗造成二次伤害。例如，处理伤口的时候动作一定要轻缓小心，清创和消毒的时候用刺激性小的生理盐水和聚维酮碘等代替刺激性较大的双氧水和酒精等。甚至我们的表情和语音语调也很重要。表情越温和，语气越平静，狗狗就越放松。

| 止血 | > | 小伤口用消毒棉球，大伤口用消毒纱布按压数分钟，直到敷料上没有鲜血渗出。 |

| 清创 | > | 检查伤口，并用经酒精消毒过的镊子除去异物。

然后将消毒纱布覆盖在伤口上，用剪刀小心减去伤口周围的毛。再用针筒抽取温的生理盐水冲洗伤口周围。没有生理盐水时也可以用温开水加一小勺食盐溶解成淡盐水，或者用温肥皂水代替。注意不要让水流入伤口。

冲洗完毕，用消毒纱布、药棉或餐巾纸等轻轻吸干水分。 |

| 消毒 | > | 用聚维酮碘等刺激性小的消毒剂给伤口消毒。小伤口可以用药用棉签，稍微大一点的伤口建议用药用棉球，蘸了药水后轻轻地顺一个方向轻轻擦拭。如果伤口有点深，要注意把消毒剂注入伤口内部。

用过一遍的棉签、棉球应当丢弃，另取新的再擦。伤口面积较大的，可以用喷雾瓶将药水直接喷在创面上。对于害怕喷雾的狗狗，可以用消毒纱布浸满消毒药水覆盖在创面上。

涂完药水后，注意轻轻地搂住狗狗，让狗狗保定几分钟，等药水干后再松开。

一日2~3次，重复此步骤，直至伤口愈合。 |

来福示范保定

| 包扎 | > | 一般情况下，不需要对伤口进行包扎，因为暴露伤口有利于快速愈合。如果伤口出血较多，可以在伤口上撒些云南白药粉，然后覆上药用纱布，用胶布固定。等第二天伤口中已经不再有组 |

织液渗出时，就不需要再包扎了。需要带狗狗外出时，可以临时给伤口包扎一下，防止伤口污染。

防舔	>	如果伤口位于狗狗能够舔到的部位，则需要给狗狗戴上伊丽莎白圈，防止它舔伤口。
保持干燥	>	保持伤口干燥，不要碰水。如果不小心弄湿了，例如雨天外出，应尽快用纸巾吸干水，并用聚维酮碘消毒。
奖励	>	奖励是让狗狗乖乖配合上药的重要步骤。奖励不嫌多，对于不太配合的狗狗，可以每操作一个步骤就给一次零食奖励。对于特别配合的狗狗，则可以在完成全部步骤之后给一次奖励。

四、注意

狗咬伤一般会有上下对称的两个伤口。所以如果只看到一个伤口，应注意在对称面寻找另一个伤口。

如果伤口较深，或出血量较大，或有骨折的可能，或怀疑伤口中有异物无法取出，应在简单清创和止血后立即送医。如果有骨折的情况，应保持骨折部位不要移动。狗咬伤的创口要特别注意。有时看上去创口并不大，但实际上有可能很深。处理不当，容易使伤口恶化。所以，如果有条件，还是建议去医院处理。

五、案例

我家留下在2016年5月和来福打架，被咬伤了耳朵。

那是它们第一次打架，当时我非常着急，刚把两条狗分开，就重手重脚地检查留下的伤口。因为耳朵部位的毛沾满了来福的口水，我又去给它洗耳朵，再吹风。留下平时是非常听话、非常信任我的，所以我在做前面这些事的时候，它都没有反抗。

但是，等我接下来想给它上药的时候，它已经非常抗拒了，使劲地甩头不让我碰耳朵。

接着我又犯了一个错误，把它抱到高台子上，并企图用手强行固定住头部不让动。结果留下就像疯了一样，来回转着脑袋想咬我，根本无法给它上药。本来很小的皮外伤，因为无法上药，第二天就化脓了！一直到第三天，趁它安静的时候，我用了食物引诱，才慢慢可以给它上药。

同年7月，留下又和来福打了一架，这次咬得比上次严重，头部有好几处伤。我吸取了上一次的教训，一开始完全不去注意它的头部，而是把它搂在怀里，安慰它。等它平静下来后，让我的小徒弟在它的正面不停地给它喂零食吃，吸引它的注意力，而我则趁机从侧面轻轻地检查伤口，并上药。这次留下完全没有抗拒，非常顺利地就让我处理了伤口。

第三章 关于免疫

我碰到过这样两类反差特别大的主人：

第一类	第二类
从来没有给狗狗打过疫苗，也压根儿不知道需要给狗狗打疫苗；或者狗狗刚买来时打过疫苗，以后再也没打过	非常重视打疫苗，但是自己对疫苗并不了解，完全听医生的

其实我自己20多年前养第一条狗Doddy的时候，就属于前者。而且Doddy一直到13岁去汪星球的时候，也没有得过什么传染病。因为有了Doddy的经验，所以我在2010年收养第二条狗留下的时候，也没有给它打疫苗。结果2个多月后，它就感染了细小病毒。当时花了8000多元，输了整整一周的液，才救回了一条命。直到那时，我才意识到给狗狗打疫苗的重要性。现在"狗口"密度越来越高，和Doddy当年的情况已经完全不同，不打疫苗的话，狗狗非常容易感染上一些传染性疾病。

而第二类主人的做法，理论上是完全正确的。只是在实际生活中，还有一些宠物医生自身掌握的疫苗知识也不全面，如果主人自己不学习，完全听医生的，有可能会给狗狗带去一些问题。

那么，作为主人，你对狗狗打疫苗了解多少？

是不是认为打疫苗是浪费钱，没有必要；或者正相反，觉得疫苗打得越多，对狗狗越好。

给狗狗打疫苗之前，你了解过要打哪些疫苗吗？知道为什么要打这些疫苗吗？

你知道给狗狗打的疫苗的品牌吗？是国产还是进口的疫苗呢？

你知道初次给狗狗打疫苗应该是什么时候吗？一年要打几次呢？还记得上一次给狗狗打疫苗的时间吗？知道这次该在什么时候去打疫苗吗？

你知道狗狗打疫苗有什么禁忌吗？

你知道上面所有的这些问题都和你家狗宝宝的健康有着重要关系吗？

在这一章里，我们将逐步了解关于疫苗的这些知识。

第一节 关于疫苗的基本概念

一、什么是疫苗

简单来说，疫苗是将病原微生物（如病毒等）经过特殊处理后制成的、用于预防传染病的自动免疫制剂。

二、疫苗为什么能预防传染病

疫苗能刺激动物的免疫系统产生一定的保护物质，这种物质称为"抗体"。所产生的抗体会在体内存在一定的时间，例如1年。这段时间就称为疫苗的"保护期"。注射过疫苗并产生了具有保护水平抗体的动物，在保护期内再次接触到该种病原时，其免疫系统便会依循原有抗体的记忆，制造更多的抗体来阻止病原的伤害。

三、疫苗的种类

根据疫苗的制备方法，可以分为弱毒苗、灭活苗等。其中弱毒苗虽然毒性减弱，但仍然是活着的病毒，所以也称为活苗。而灭活苗则是被杀死的病毒，通过特殊工艺，保留了其中有用的部分。

根据疫苗可以预防疾病种类的多少，可以分为单苗和联苗。单苗只能预防一种疾病，例如，狂犬疫苗就是一种单苗，只能预防狂犬病。联苗可以预防多种疾病，简单地说，几联苗就是可以预防几种疾病，例如二联苗，就是可以预防犬瘟和细小病毒感染两种疾病的疫苗。

四、为什么要给狗狗打疫苗

在城市高密集度环境下饲养的宠物狗很容易患上一些严重的传染病，例如犬瘟、细小病毒感染等。即使是在农村，随着交通的发达、人员流动的增加，这些传染病也变得比较常见。

幸运的是，对于这些常见的传染病，现在都已经研制出了疫苗。只要及时接种相应的疫苗，就可以在很大程度上避免狗狗患上此类传染病，从而保护它们的健康和生命，同时也能省去一大笔医疗费用。而对于一些人犬共患的疾病，例如狂犬病，给狗狗接种疫苗，还能保护主人的健康和生命。

第二节 应该到哪里去打疫苗

一、疫苗的管理要求

疫苗是一种特殊的药品，需要不间断地处在规定的低温环境下，储存和运输都有严格的要求，即所谓的"冷链运输/储存"。一旦在某个环节冷链中断，疫苗就容易失效。

例如，需要冷藏储存的疫苗应在2~8℃的环境下储存。如果将冷藏疫苗暴露于任何不适当的条件下，都有可能影响疫苗的效力；而如果将其置于冷冻温度（0℃或者以下），则会使某些疫苗完全失效。但是我们从外观上很难判断疫苗的储存是否有问题。例如，灭活疫苗即便置于冷冻温度下也有可能不结冰，所以从外观上无法判断它是经过冷藏还是冷冻，其效力是否下降或者完全失去。

接种失效疫苗的首要风险就是无效免疫，也就是打了疫苗等于没打，结果造成在主人不知情的情况下，狗狗仍然暴露在病毒感染的风险下。

二、存在的问题

近几年在中国，关于人类疫苗因为冷链运输中断而发生问题的报道不断见诸报端。引起社会关注度较大的有山东警方在2016年3月破获的案值5.7亿的非法疫苗案，俗称"毒疫苗案件"。在这起毒疫苗案件中，疫苗未经严格冷链运输销往24个省市，涉及25种儿童及成人用二类疫苗。人类（包括儿童）的疫苗尚且会不断地出现这么大的问题，宠物用的疫苗不禁更是令人担忧。

三、应该去哪里给狗狗打疫苗

所以大家给狗宝宝打疫苗一定要到正规有执照的宠物医院去，最好是当地疫控中心授权的定点免疫点；尽量不要通过网购，或者到没有宠物医疗执照的个人或宠物店去打。

有一位温州的网友以前一直去宠物店给家里的泰迪打疫苗。后因为注射部位皮肤溃烂，到宠物医院看病，结果医生检查下来发现狗狗体内根本没有相应的抗体。发生这种情况，最大的可能就是之前打的疫苗是失效的。注射部位皮肤溃烂，也是因为注射疫苗不专业导致的。

第三节 疫苗的不良反应有哪些

虽然发生的概率不是很高，但是，打疫苗还是有可能发生各种不良反应。有些比较轻，而且是一过性的，例如疫苗注射部位发生红肿；注射疫苗后精神有些倦怠等；有些则可能比较严重，例如休克甚至死亡等严重的过敏反应；注射疫苗部位发生肿瘤等。

下表是我根据美国动物医院协会颁布的《2017犬类疫苗指南》中的内容翻译的、各种疫苗不良反应类别的相关内容汇总。

不良反应类别	举例
一过性注射部位反应	由脓肿、肉芽肿或者皮下积液导致的、可见或可触及的肿块；注射部位疼痛、瘙痒，以及局部肿胀
持续性注射部位反应	永久性掉毛（通常和缺血性血管炎有关）、皮肤变色、皮肤局部坏死（也称为狂犬疫苗缺血性血管炎）、肉芽瘤（疫苗接种后"肿块"）
一过性非特异性全身性反应	倦怠、食欲不振、发烧、局部淋巴结肿大、非局部性疼痛/不适、腹泻、呕吐、脑炎、多发性神经炎、关节炎、癫痫以及行为改变
过敏反应以及免疫介导性反应	第一类（急性过敏反应）：血管性水肿（急性肿胀，尤其是头部和耳部）、荨麻疹、晕倒、急性腹泻、呕吐、呼吸困难、全身性过敏反应（休克）以及死亡
	第二类（细胞毒性反应）：免疫介导性溶血性贫血、免疫介导性血小板减少
	第三类（免疫复合物反应）：皮肤缺血性血管病（经常由狂犬疫苗引起），可以发生在注射部位或者远端部位（"卫星病灶"）（例如耳尖、足垫、尾部以及阴囊）以及"蓝眼"症
免疫失败	一般认为母源获得性抗体的干扰是最常见的原因；疫苗注射的剂量、针数少于厂家规定；遗传因素决定为"不反应"或者"低反应"的犬只；疫苗抗原的失效（例如应该冷藏的疫苗在室温下放置2小时以上）；把不相容的疫苗混合在一支针筒内
肿瘤	/
疫苗对诊断试验的干扰	包括：在对近期内接种过细小病毒疫苗犬只的粪便进行PCR（聚合酶链反应）检测细小病毒抗原时出现假阳性结果；钩端螺旋体疫苗可能导致检测抗体时出现假阳性结果

总之，我们要记住的是，打疫苗是有可能发生轻重不同的各种不良反应的。如果狗狗在注射疫苗后一段时间，出现上表所列的一些健康问题，且原因不明时，应该考虑是否和打疫苗有关。

第四节 疫苗接种方案及抗体检测的意义

一、制定疫苗接种方案的原则

看到前一节讲到打疫苗可能会出现的那么多不良反应，你是不是开始疑惑，到底该不该给狗狗打疫苗呢？

我们知道，打疫苗是为了预防狗狗患上一些严重的传染性疾病，但是打疫苗又有可能出现不良反应，所以，我们需要在二者之间找到平衡，"两害相权取其轻"。只有好处大于坏处时，才需要打疫苗。

在选择疫苗的时候，我们应当权衡感染某种疾病的概率大小和注射疫苗可能带来的不良反应之间的关系。

如果狗狗感染某种疾病的可能性比较大，并且这种疾病感染后的临床症状会比较严重，治愈率比较低，死亡率比较高，那么还是应该接种针对该疾病的疫苗。

如果狗狗感染某种疾病的可能性比较小，或者该疾病即使感染后症状也不严重，并且容易治愈，那么最好不要接种针对该疾病的疫苗。

所以，总的原则就是，疫苗并非打得越全越好，没有必要的疫苗不要打，要根据狗狗的具体情况来确定疫苗接种方案。

美国动物医院协会的网站上特意说明："疫苗接种方案应当根据狗狗的疾病风险因素、年龄以及生活方式量身定制。"

二、核心疫苗和非核心疫苗

《美国动物医院协会2017犬类疫苗指南》把美国市场上的疫苗分为核心疫苗和非核心疫苗，其中只有核心疫苗是建议所有犬只均应接种的，而非核心疫苗是要根据具体情况来定的。

──────── 我国现有疫苗 ────────

1. 核心疫苗

指建议所有犬只都要注射的疫苗（容易发生疫苗不良反应的犬只除外），包括：犬细小病毒疫苗、犬瘟病毒疫苗、犬腺病毒2型疫苗以及狂犬病毒疫苗四种。其相对应的疾病分别为犬细小病毒肠炎、犬瘟热、犬传染性肝炎和狂犬病。

2. 非核心疫苗

应根据狗狗暴露风险的高低有选择地进行注射，即根据当地相关疾病的流行情况以及狗狗的个体情况选择是否注射，包括：犬副流感病毒疫苗和钩端螺旋体疫苗两种，其对应的疾病分别为犬副流行性感冒以及钩端螺旋体病。

换句话说，如果狗狗所在地区经常会发生犬副流行性感冒或者钩端螺旋体病，那么就需要注射这两种疫苗，反之就不需要。

3. 不推荐疫苗

冠状病毒疫苗。感染后可能导致呕吐和腹泻，通过感染性粪便传播。不推荐的原因是：（1）感染冠状病毒后仅会引起轻度或者亚临床疾病。（2）流行性低，通常只发生在6周龄及以下的犬只身上。（3）具有典型的自限性，即多数情况下会自愈。

这种冠状病毒是阿尔法属的，只感染犬类，不会感染人类；而2020年春季肆虐全球的人传人的冠状病毒是贝塔属的，尚无证据表明会感染犬类。

4. 附表：中国市场上的犬用疫苗种类一览

核心疫苗	非核心疫苗	不推荐疫苗
犬瘟病毒疫苗☑	犬副流感病毒疫苗〇	犬冠状病毒疫苗☒
犬细小病毒疫苗☑	钩端螺旋体疫苗〇	
犬腺病毒2型疫苗☑		
狂犬病毒疫苗☑		

☑ 推荐　〇根据感染风险大小选择　☒不推荐

了解了这些知识后，下次你再带狗狗去打疫苗时，就应该问一下医生给狗狗打的是几联苗，包括哪些疫苗种类，是否都有必要打。

三、抗体检测

在确定了给狗狗打哪些疫苗之后，接下来就要确定间隔多久打一次。疫苗打多容易损伤机体，同时，打疫苗本身又存在发生不良反应的风险，因此，在疫苗产生的保护力足够的情况下，打疫苗的间隔越久越好。

首先，我们最好选用那些保护期较长的疫苗产品。例如有些疫苗产品规定的保护期是1年，有些只有半年，那么我建议尽量选择保护期是1年的产品。

狗狗接种疫苗之后，体内会产生抗体，如果抗体的滴度达到一定的标准，也就是说，体内有足够的抗体的话，就没有必要再次注射疫苗。所以，最理想的做法是，在准备给狗狗打疫苗之前，先做一下抗体检测，来确定狗狗体内的抗体是否保持在有保护力的水平。

确定抗体水平对于那些免疫历史不明、免疫过期、正在接受化疗、正在服用免疫抑制药物以及曾经有过免疫不良反应的狗狗来说尤其有意义。

目前只有犬瘟病毒、犬细小病毒和犬腺病毒的抗体测试。但是因为比较多见的疾病也就是这3个，其他疾病很少见，所以，只要这3个抗体达标就可以暂时不用打疫苗。

第五节 免疫流程

所谓免疫流程，就是指什么时间该给狗狗打疫苗、打哪种疫苗以及每次打疫苗的间隔时间。要搞清楚免疫流程，首先要了解首免（首次免疫）和加强免疫，以及母源抗体干扰的概念。

一、首免和加强免疫

免疫分为首免和加强免疫。

首免是指"狗生"的第一次免疫。幼犬首免一般要连续接种2~3针，每次间隔2~4周。

加强免疫是指首免完成以后，定期进行的免疫。我们已经知道，免疫之后身体所产生的抗体随着时间的推移会逐渐减少。当抗体水平降低到保护线以下时，就需要再次接种疫苗，以便维持体内能起到保护作用的抗体水平，这就是加强免疫。

二、母源抗体干扰

幼犬出生后，如果能在出生后的4~6小时内吃到狗妈妈的初乳，那么它就能从初乳中获得妈妈体内的抗体，这些抗体在幼犬出生的头几个月中会对幼犬起到保护作用，即"被动"免疫，可以防止它感染到犬瘟、细小病毒感染等严重的疾病。这些从狗妈妈的初乳中获得的抗体就称为"母源抗体"。

那些出生后因为种种原因没能吃到初乳的幼犬，无法获得母源抗体。如果狗妈妈从未注射过疫苗，也未感染过犬瘟或者细小病毒，那么幼犬也无法从初乳

狗妈妈小弟弟在给孩子们喂奶

中获得母源抗体，因为妈妈体内也没有相应的抗体。

母源抗体会逐渐减少，抗体水平下降到某一点时，就不足以抵抗外界感染。但这时候，抗体水平仍然足以干扰疫苗抗原，这些残余的母源抗体会中和掉相当一部分的疫苗抗原，从而使得机体在接种疫苗后无法产生保护性免疫力。这种现象称为"母源抗体干扰"。这就是为什么我们在给幼犬做首免的时候，要每隔2~4周连续打2~3针，这样才能完全消除母源抗体干扰，使幼犬体内产生足够的抗体。

要特别注意的是，当母源抗体已经下降至低于保护水平，而幼犬才刚刚接种疫苗，还没有来得及产生足够的免疫力时，这个期间称为"敏感窗口"。在敏感窗口期，幼犬抵抗力不足，很容易被外界的病原感染，因此要注意保护这个时期的幼犬，不和情况不明的狗狗接触，不到外界的地面活动。

通常要打完首免最后一针3周左右，幼犬才能建立足够的免疫力，才可以自由地外出、和别的狗狗玩耍。

三、《美国动物医院协会2017犬类疫苗指南》推荐的免疫流程

以下是我根据《美国动物医院协会2017犬类疫苗指南》编译的免疫流程建议：

1. 狂犬疫苗除外的核心疫苗（犬瘟疫苗、细小病毒疫苗、犬腺病毒2型病毒疫苗）

1）首次免疫

除狂犬疫苗以外的核心疫苗，最早从6周龄开始，间隔2~4周接种1次，直到16周龄。

 无论之前打过几针疫苗，最后1针疫苗应该在16周龄或者接近16周龄时接种，以避免母源抗体的干扰。

如果首次免疫时，犬龄在16~20周龄，那么应该在2~4周后再接种1次。一共接种2次。

如果首次免疫时，已经超过20周龄，则只需要接种1次。

接种针数 首免年龄	第一针	第二针	第三针	第四针
最早6周龄开始	6周龄	8~10周龄	10~14周	16周龄
16~20周龄	16~20周龄	第一针2~4周后	/	/
超过20周龄	超过20周龄	/	/	/

2）加强免疫

首次免疫后第一年加强一次，之后的加强免疫间隔3年或者3年以上。

在完成全部的首免以及第一次加强免疫之后，核心疫苗可以提供长达至少3年的持久保护。通过抗体水平的检测可以对机体是否有对犬瘟病毒、细小病毒以及犬腺病毒2型保护性免疫力进行合理的评估。

2. 非核心疫苗（犬副流感病毒疫苗、钩端螺旋体疫苗）

1）首次免疫

犬副流感病毒疫苗已经跟核心疫苗制作成联苗（例如4联苗就是3种核心疫苗+犬副流感病毒疫苗），所以免疫程序跟核心疫苗相同。

钩端螺旋体疫苗：无论狗狗年龄多大，首免都是接种2次，中间间隔2~4周。最早可在8~9周龄接种第1针。

2）加强免疫

犬副流感病毒疫苗，免疫程序跟核心疫苗相同。

钩端螺旋体疫苗，有持续暴露风险时，在完成首免2针1年后打1针，之后每年打1针。

3. 狂犬疫苗

1）首次免疫

第一针不早于12周龄。首免后1年之内要求注射第2针。

2）加强免疫

根据各州法律规定选择1年或者3年加强1次。

四、中国的现状

一般情况下，按照国家强制规定，必须每年注射1次狂犬疫苗。

其他的疫苗，初免一般是连续3针，每针间隔2~4周，之后都是按照1年1次加强免疫的标准操作。而且，大多数医生会建议提前2个月左右打下一次疫苗。同时，无论狗狗的具体情况如何，很多医生都会推荐初免的最后1针和加强免疫时给狗狗打8联苗。

然而，主人要牢牢记住的是：

- 疫苗并非打得越多越全越好！要根据狗狗的具体情况来定。
- 如果打的是进口疫苗，那么加强免疫的间隔期很有可能不止1年，建议有条件的先做个抗体检测，再确定是否需要加强免疫。

第六节 打疫苗的注意事项

一、注射前

1. 选择正规医院和正规疫苗

前面我们已经了解了疫苗的特殊性,所以给狗狗打疫苗首先一定要选择正规的宠物医院(见第130页本章第二节);其次要看该医院是否有相应疫苗厂家的授权书;最后,别忘了向医生索要厂家的疫苗标贴,贴在疫苗本上。

每一份疫苗出厂时在包装瓶上都有一张表明其"身份"的标贴,根据这张标贴可以追溯到该疫苗的生产厂家以及生产批次等信息,以确认真伪,同时,万一狗狗打完疫苗发生问题也可以追溯责任。

2. 应在狗狗身体完全健康的状态下注射疫苗。下列情况一般不宜注射疫苗

- 狗狗有感冒、发烧、腹泻、呕吐、食欲不振等异常情况;
- 正在发情期内;
- 母狗怀孕期内;
- 母狗产后半个月内;
- 外伤未愈合;
- 10岁以上老年犬因为抵抗力下降,一般也建议不要打疫苗;
- 狗狗的体质较差、营养不良。例如刚收养的流浪犬,应该先加强营养,改善体质后再打疫苗;
- 狗狗在注射疫苗前曾与患传染病的犬接触过,应先进行体检,确保未染病后再注射疫苗。

3. 幼犬初免从低联苗开始

幼犬体质较弱,为了达到足够的保护效果,以及减少不良反应,一定要遵循少量多次的原则,从低联苗(二联)开始,分几次(一般为3次)接种,中间间隔2~4周,才能建立起巩固的免疫力。正规的医院都会这么操作。

2020年1月,我正在修改这一章节的时候,听到了一个令人扼腕的消息:一位朋友救助了4条3个月左右的小狗,在家里精心喂养了1个月,见一切正常,就给狗狗打了1针8联苗,结果3天之后,2条体弱的小狗死亡。

4. 不同的疫苗尽量分开打

美国动物医院协会提示，同时注射多剂疫苗，有可能增加发生急性不良反应的风险，尤其是在小型犬（≤10千克）中。建议另行制定疫苗接种计划，例如在接种核心疫苗后延迟2周再接种非核心疫苗。

狂犬疫苗也最好在其他核心疫苗接种后延迟2周再单独接种。

目前在国内包括上海的很多宠物医院，都会让同时接种所有疫苗包括狂犬疫苗，这样做会加大发生不良反应的风险。我身边就有好几起因为同时注射各种疫苗而产生疫苗不良反应的案例。所以，主人应该了解一些关于疫苗的常识，主动向医生提出分开接种。

5. 注射疫苗之前用手来回搓针筒回温

因为疫苗需要低温冷藏保存，所以打疫苗之前应用手的温度来使疫苗回温，以降低应激反应。如果医生没有这么做，要提醒他哦！

6. 变化注射疫苗的部位

建议不要每次在同一部位注射疫苗，以免因为过度刺激，而产生肿块，甚至发生肿瘤。我会在疫苗卡上画一张狗狗的示意图，记录每次疫苗注射的部位。

用手搓针筒回温

最好按国际惯例，让医生把狂犬疫苗都注射在身体右后侧，其他疫苗在左侧。这样万一发生肿块等问题，便于医生判断是哪种疫苗产生的不良反应，而且这个部位也便于手术。有很多医生习惯打在颈部，颈部皮肤松，比较容易注射，但是，一旦发生肿瘤，就很难手术切除。

7. 注射部位不要消毒

注意！由于消毒剂有可能使弱毒活苗产品灭活，因此美国动物医院协会（AAHA）不建议在注射疫苗前用酒精等消毒剂对注射部位消毒。但是，为了让主人觉得安心，国内很多宠物医生在注射疫苗前都会用酒精棉球给注射部位消毒。如果你的医生准备这么做，要制止他哦！

二、注射后

1. 注射疫苗和体内驱虫之间应间隔一周以上

有些医生会给狗狗同时注射疫苗和驱虫，大部分狗狗可能也没有明显反应。但是有些体质较弱的就会出现食欲不振、精神萎靡等不良反应。所以，为了保险起见，建议疫苗和驱虫分开进行。

2. 注射疫苗后应在医院观察半小时

看是否有急性的疫苗反应：呕吐、腹泻、休克等。

3. 注射完疫苗后当天不要让狗狗剧烈运动

尽量避免、减小疫苗的不良反应。

4. 注射疫苗后一周内不要洗澡

尽量避免、减小疫苗的不良反应。

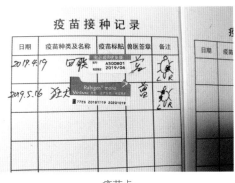

疫苗卡

5. 主人应做好免疫记录（一般医院会发一本免疫证，保存好就行）

免疫记录应包含以下信息：疫苗标签（包含生产厂家、疫苗名称、疫苗种类的信息），每次注射疫苗的时间以及下一次应注射疫苗的时间。

6. 各针之间的间隔时间

虽然推荐的疫苗流程是每针之间间隔2~4周，但是，一般来说，接种3周后，体内抗体含量最高，此时最适合接种下一针疫苗。

第七节 免疫逾期了怎么办

一、犬龄在6~20周龄

问题1 狗狗已经大于6周龄了，还没有开始初免，怎么办？

回答 至少连续注射2针，间隔3~4周，直至16~20周龄完成首免。

问题2 首免打过1针后，忘记时间，现在已经超过4周了，怎么办？

回答 首免各针之间最长间隔为6周，如果超过6周，建议重新开始首免程序。如果超过4周，没有超过6周，那么可以继续注射剩下的针，注意最后1针要在16~20周龄。

问题3 狗狗已经大于12周龄，还没有打过狂犬疫苗，怎么办？

回答 无论狗狗年龄多大，先注射1针狂犬疫苗作为首免，之后每年加强1次。

二、犬龄超过20周龄

问题1 狗狗从来没有免疫过，怎么办？

回答 接种核心疫苗1次作为首免，以后每隔3年或者3年以上加强免疫。或者进行检测抗体，根据抗体检测结果确定是否需要免疫。

（注：加强免疫间隔3年是根据《美国动物医院协会2017犬类疫苗指南》推荐。中国一般执行1年的间隔期。但是我强烈建议有条件的主人根据抗体检测的结果来确定加强免疫的间隔期。）

问题2 加强免疫逾期了，怎么办？

回答 无论逾期多久，均注射1针疫苗。之后，每隔3年或者3年以上加强免疫。最好是检测抗体，根据抗体检测结果确定是否需要免疫。

问题3 从未注射过狂犬疫苗，怎么办？

回答 注射1针疫苗。

问题4 狂犬疫苗加强免疫逾期了，怎么办？

回答 无论逾期多久，均注射1针疫苗。

第四章　关于驱虫

驱虫分为体内驱虫和体外驱虫。

第一节　体内驱虫

一、狗狗常见体内寄生虫

1. 狗狗最常见的体内寄生虫为蠕虫类，包括蛔虫、钩虫、鞭虫、绦虫、心丝虫等

1）蛔虫

形态和寄生部位：

蛔虫是幼犬最常见的一种寄生虫，成虫看起来有点像蚯蚓，长约数厘米，两端尖，中间细长，成圆柱体，活体颜色为粉红色，死后呈白色。蛔虫寄生在肠道内，吸收已消化的养分。

生活史：

蛔虫的虫卵随粪便排出体外，在条件适宜的情况下，发育成感染性虫卵。当感染性虫卵被幼犬吞食后，经4~5周就会最终在肠道内发育成成虫。

感染了蛔虫的成年母狗在怀孕后，蛔虫幼虫经胎盘或者经母乳感染幼犬，所以受到感染的幼犬在出生后23~40天其小肠中就已经有蛔虫成虫了。

感染症状：

幼犬感染蛔虫后一般会有逐渐消瘦、呕吐、腹泻、生长发育不良等症状。严重时，虫体常在肠道内集结成团，造成肠梗阻、肠扭转、肠套叠等严重后果。

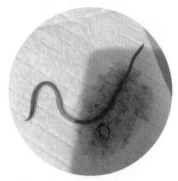

腊月刚捡回家时呕吐出来的蛔虫

当主人发现幼犬虽然食欲旺盛，却长得瘦小，腹部鼓胀，还经常腹泻时，就要怀疑是否感染了蛔虫。

体内的蛔虫生长到一定程度，有可能会随粪便排出，甚至还会通过呕吐从口腔排出。所以，当我们看到幼犬的粪便里或者呕吐物中有数厘米长的蚯蚓样虫体时，便可以确认幼犬已经感染了大量蛔虫了。这种情况在农村犬、流浪犬中较为常见。

2）钩虫

形态和寄生部位：

钩虫的虫体比蛔虫小多了，长约10毫米，呈淡红色。钩虫寄生在小肠，主要在十二指肠内。

生活史：

虫卵随粪便排出体外，在适宜条件下孵化成感染性幼虫。感染性幼虫被狗狗随食物或者饮水摄入体内，或者主动钻进狗狗的脚爪经皮肤造成感染。最终在肠腔内发育成成虫。钩虫也可以经胎盘或者母乳由母狗感染幼犬。

感染症状：

幼犬和成年犬均会感染钩虫。钩虫成虫会吸附在肠黏膜上，不停吸血，造成柏油状黑便，带腐臭气味，以及贫血、黏膜苍白、极度消瘦等症状。经皮肤感染的还会造成皮炎。

3）鞭虫

形态和寄生部位：

寄生在狗狗体内的鞭虫，学名为狐毛首线虫，主要寄生在盲肠。虫体为乳白色，成虫长50毫米左右，外形像鞭子，前细后粗。

生活史：

鞭虫虫卵随粪便排出体外，在适宜条件下，发育为感染性虫卵，被狗狗吞食后，经1个月左右最终在盲肠内发育成成虫。

随粪便排出的鞭虫虫卵 ——适宜条件下——> 感染性虫卵 ——被狗狗吞食——> 在盲肠内发育成成虫

感染症状：

轻度感染时经常无明显症状，或者仅间歇性发生软便或者带少量黏液血便；重度感染时，出现腹泻，粪便中混有鲜血。有时候粪便呈褐色，恶臭，并逐渐出现贫血、脱水等症状。鞭虫对幼犬危害较大，可导致死亡。

4）绦虫

形态和寄生部位：

狗狗体内的绦虫种类很多，常见的有犬复孔绦虫、带绦虫、棘球绦虫等。虫体一般呈扁平的带状，白色不透明，体长几毫米到十几米，有数个至数千个节片组成，包括充满虫卵的孕节。绦虫寄生在狗狗的小肠内。

生活史：

成熟绦虫的孕节会不断脱落，随粪便排出体外后破裂，虫卵散出。散出的虫卵被中间宿主摄入后，在中间宿主体内孵化、发育成具有感染性的绦虫幼虫。当狗狗食入含有感染性幼虫的中间宿主后，幼虫就在狗狗的肠道内发育成成虫。

犬复孔绦虫的中间宿主是跳蚤，所以，一般跳蚤感染严重的狗狗几乎都会感染绦虫。

除了犬复孔绦虫之外，狗狗体内其他所有的绦虫都是以猪、羊、牛、马、鱼、兔以及野生动物为中间宿主，所以，如果狗狗摄入了感染这些绦虫幼虫的未煮熟的肉、鱼等，也可能感染绦虫。

随粪便排出的绦虫孕节 —破裂→ 虫卵散出 —被中间宿主摄入→ 在中间宿主体内发育成绦虫幼虫 —狗狗摄入中间宿主→ 狗狗感染绦虫

感染症状：

轻度感染的狗狗无明显的临床症状；严重感染时可引起慢性肠炎，出现消化不良、腹泻、腹痛、消瘦和贫血等症状。虫体过多成团时，会堵塞肠道，导致肠梗阻、肠套叠等严重后果。

此外，不断脱落的孕节会附着在肛门周围刺激肛门，引起肛门瘙痒或者发炎。

如果观察到狗狗的粪便中或者肛门周围有类似米粒的会动的白色虫体（脱落的孕节），或者有时候看到大便里有一条长长扁扁的、面条一样的白色虫体，就可以确认狗狗感染了绦虫。或者发现狗狗经常坐在地上磨屁股，而肛门腺正常，也没有粪便沾染时，也要考虑是不是因为感染绦虫而造成肛门发痒。

5）心丝虫

形态和寄生部位：

心丝虫学名犬恶丝虫，主要寄生在犬右心室及肺动脉。成虫长达15~30厘米，灰白色。

生活史：

心丝虫靠蚊子为媒介传染。雌蚊在吸食感染了心丝虫的动物的血液时，会把血液中的心丝虫幼虫吸入体内。幼虫在蚊子体内发育成感染性幼虫，当蚊子再次吸血时，就会把感染性幼虫注入狗狗的体内，造成感染。进入狗狗体内的感染性幼虫，先寄生在血液中，最终发育成成虫，寄生在右心室及肺动脉内。

心丝虫幼虫 —随血液被蚊子吸入→ 在蚊子体内发育成感染性幼虫 —蚊子叮咬→ 感染性幼虫进入狗狗体内 —发育→ 成虫，寄生在右心室及肺动脉内

感染症状：

因为心丝虫的成虫寄生在心脏和肺动脉内，会严重影响心脏功能，所以感染心丝虫的狗狗会变得很容易疲倦，运动能力下降，稍微运动就容易气急，还会伴有慢性咳嗽，可能会咯血。严重的会导致狗狗休克甚至死亡。

由于心丝虫寄生部位特殊，如果用药物杀死成虫，那么被杀死的成虫有可能会堵塞在心脏和肺动脉中，导致狗狗死亡等严重后果。所以，一般不能用药物杀死心丝虫成虫。对于感染不严重的狗狗，可以用宠物专用驱心丝虫药，杀死在血液中的心丝虫幼虫，防止大量成虫寄生在心脏。或者作为预防性驱虫。对于感染严重的狗狗，一定要到可靠的宠物医院去驱虫，甚至通过手术取虫。防止蚊虫叮咬狗狗是预防犬心丝虫病的关键。

2. 另一类体内寄生虫为原虫类

和蠕虫不同，原虫是单细胞动物，一个细胞就是一个虫体，所以非常微小，肉眼不可见。

常见的原虫类寄生虫有以下这些：

1）球虫

寄生部位：

球虫寄生在狗狗的小肠和大肠黏膜上皮细胞内。

生活史：

球虫卵囊随粪便排出，在适宜条件下，发育成具有感染性的卵囊。当狗狗吞食了感染性卵囊后，子孢子（相当于幼虫）从卵囊中逸出，侵入小肠黏膜上皮细胞内，经过一系列发育过程，最终又形成卵囊，随粪便排出。

随粪便排出的球虫卵囊	适宜条件下 →	感染性卵囊	被狗狗吞食 →	发育，形成卵囊，随粪便排出

感染症状：

感染了球虫的幼犬，会排稀软混有血液和黏液的粪便，粪便中混有果冻样的物质（脱落的肠黏膜上皮细胞），快速消瘦，黏膜苍白，有的出现呕吐症状，容易因极度衰竭而死亡。

成年犬对球虫的抵抗力较强，常呈慢性感染，经过一段时间后可以自然康复，但是在康复后数月内仍然会有卵囊排出。

2）弓形虫

生活史：

弓形虫可以有两个宿主，一个叫作终末宿主，只有以猫为代表的猫科动物才是弓形虫的终末宿主；另一个叫作中间宿主，弓形虫的中间宿主范围非常广泛，包括狗在内的各种哺乳类动物以及鸟类都可以是它的中间宿主。

只有终末宿主猫感染了弓形虫后，才会最终产生卵囊，随粪便排出。刚排出的卵囊不具有感染性，就算被动物吞食，也不会造成弓形虫感染。但是，在适宜条件下，卵囊经2~4天就会发育成感染性卵囊。感染性卵囊可以重新感染终末宿主猫，也可以感染人、狗狗等中间宿主。

中间宿主，例如狗狗，感染了弓形虫后，最终会在脑、肌肉等组织内形成含有弓形虫的包囊。这种包囊可以在患病动物体内长期存在。当健康动物吃了含有包囊的生肉后，会感染弓形虫。例如健康猫咪吃了被弓形虫感染的老鼠、小鸟（中间宿主），就会感染弓形虫。但是，中间宿主不会产生卵囊，因此不会通过粪便传播弓形虫。

感染症状：

如果感染的虫株毒力很强，而狗狗又没有产生足够的免疫力，就可能引起弓形虫病的急性发作，表现为突然废食、体温升高、呼吸急促、眼内出现浆液性或脓性分泌物、流清鼻涕、精神沉郁、嗜睡等。

反之，如果虫株的毒力弱，狗狗又很快产生了免疫力，则弓形虫的繁殖会受阻，存留的虫体就会在狗狗体内形成包囊，狗狗则可能成为无症状的隐性感染。成年犬一般呈隐形感染。

人如何才能感染弓形虫：

由于弓形虫病是人兽共患病，有很多人因为害怕感染弓形虫影响胎儿，在怀孕后或者准备怀孕时就会遗弃所养的猫狗，其实大可不必。

首先，作为中间宿主的人类要感染弓形虫，主要有两个途径：一是接触了感染弓形虫的猫咪粪便，二是食用了含有包囊的感染动物的肉（如未煮熟的猪肉、羊肉、牛肉、鸟肉等）。

猫咪排出的弓形虫卵囊要经过2~4天才具有感染性，因此每天及时清理猫粪，把猫粪通过马桶冲掉，不要随意丢弃在环境中，清理完后注意洗手，就不会通过猫咪感染上弓形虫。

此外，猫也是从外界感染弓形虫的，如果你家的猫咪从不出门，从没有机会吃生肉，那么猫咪本身也不可能感染弓形虫，就更不用说传染给人类了。

而狗就更不容易把弓形虫感染给人类了。作为弓形虫中间宿主的狗只会在自身的机体组织中产生包囊，根本就不会对外界排出会造成弓形虫感染的卵囊，所以除非你把狗杀了吃肉，而且是生吃或者没煮透吃，几乎没有可能感染。

事实上，人类感染弓形虫更多是因为食用了生的或者未完全煮熟的肉类（例如路边的烧烤）；生食了被感染性卵囊污染的蔬菜水果（例如蔬菜沙拉）；喝了被污染的生水；接触了被污染的土壤，没有洗手而直接吃东西等。

所以，如果你正准备怀孕，正确的做法不是遗弃猫狗，而是正确处理猫粪（24小时内清理猫粪，且接触猫粪后洗手）；避免接触生肉，家里的案板生熟分开，不吃未煮熟的肉类；不吃生菜，水果削皮后再吃；不喝生水；接触过土壤后洗手。防止病从口入才是最重要的！

因为大部分人会呈隐形感染，就是说虽然感染了弓形虫，但却几乎没有临床症状。因此，还应该在备孕前去做一个弓形虫抗体的检测。如果检测结果表明你过去曾经感染过弓形虫，那就完全不需要担心了，因为你的体内已经产生了足够的抗体，可以保护胎儿不受感染。如果检测结果显示你近期刚刚感染了弓形虫，那么也可以通过药物进行治疗，或者过一段时间再准备怀孕。

3）巴贝斯虫

寄生部位和传染途径：

巴贝斯虫寄生在红细胞内，属于血液寄生虫，通过某些品种的蜱虫传染。

感染症状：

感染巴贝斯虫后的狗狗，会出现精神不振、食欲减少或废绝、贫血、黏膜苍白、血尿等症状。

如果发现狗狗身上或者狗狗活动的环境中有蜱虫，之后又出现了上述症状，应怀疑巴贝斯虫感染，尽快带狗狗去医院检查。

二、预防和治疗

作为宠物主人，在狗狗体内寄生虫管理方面，重要的是记住以下几点。

1. 及时处理宠物粪便

很多寄生虫都是通过粪便传播的，而且新鲜粪便中的卵/卵囊一般不具有感染性，要在外界适宜条件下，经过一定的时间，发育成具有感染性的卵/卵囊才具有感染性。

所以，及时处理猫狗的粪便，做一个合格的"捡屎官"是预防体内寄生虫传播的关键。有很多人觉得狗狗的大便拉到草坪上、土壤上，正好可以做肥料，所以没有养成捡屎的习惯。希望看了这一节的内容后，大家能够养成随地捡屎以及劝导别人捡屎的好习惯。"我为人人，人人为我。"

2. 定期给狗狗进行预防性驱虫

按照宠物驱虫药的说明书上的要求，狗主人一般每隔2个月就给狗狗驱一次虫。但我觉得还是要根据情况来。如果狗狗的大便、食欲、体重等一切正常，而且平时的生活环境也比较干净，就不需要频繁驱虫。因为，这种情况下就算体内有极少量的寄生虫，其实对健康也没有什么影响。

寄生虫在长期的进化过程中，已经和宿主即被寄生的动物形成了一种共生关系，在少量寄生的情况下，可以和宿主和平共处。我们需要考虑的反而是，长期这么高频率地给狗狗服药，是否会有其他的不良影响。

所以，如果成年犬一切都正常，一个季度到半年进行一次预防性的驱虫就足够了。

6月龄以下的幼犬，因为有可能在出生时就已经从狗妈妈那里感染了寄生虫，所以最好在出生1个月左右时进行第一次体内驱虫。之后每隔1个月驱虫一次直到3月龄，然后每3个月一次。如果有条件，最好能先去宠物医院做个粪检，再决定是否需要驱虫。

如果已经发现狗狗的大便或者呕吐物中有虫体，说明体内寄生虫较多，需要在第一次驱虫后两周再驱第二次，1个月后再驱第三次。之后根据狗狗的年龄按照前面的时间间隔驱虫。

3. 根据不同情况选用不同类型的驱虫药

现在市面上的驱虫药，大致分为以下几类：广谱驱蠕虫的，包括蛔虫、鞭虫、钩虫、绦虫等；驱心丝虫（幼虫）的；驱球虫的。

我们在购买体内驱虫药时，一定要看说明，了解药物的驱虫范围。

蛔虫	>	一般情况下，只要用一种广谱驱蛔虫的药物进行预防性体内驱虫就可以了，例如德国拜耳的拜宠清，就可以起到同时驱蛔虫、鞭虫、钩虫、绦虫等各种蛔虫的作用。 如果我们已经观察到狗狗有前面所说的疑似感染各种蛔虫的症状，也可以尝试用这类驱蛔虫的药物来进行治疗。
心丝虫	>	心丝虫虽然属于蛔虫，但是因为直接杀死心丝虫的成虫有一定的危险性，所以，需要有专门的药物来杀死心丝虫的幼虫，从而预防心丝虫的严重感染。目前国内市场上只有美国福来恩的犬心宝可以驱心丝虫。 但是，并非所有地区都是心丝虫的疫区，加上心丝虫是通过蚊子传播的，所以，如果你家狗狗主要居住在室内，同时又采取了驱蚊措施，那么就没有必要给狗狗服用驱心丝虫的药物。 或者，你也可以询问宠物医院，了解当地是否属于心丝虫疫区，不是疫区的话，一般也不需要驱心丝虫。
球虫	>	球虫主要侵害幼犬。如果没有发现狗狗有排血便等疑似球虫感染的症状，也没有必要驱球虫。幼犬如果出现血便，不建议自己买药驱虫，最好立即去医院检查，以免贻误病情，因为有多种原因可能造成血便。
弓形虫和巴贝斯虫	>	目前市场上没有专门预防这两种虫的药物。如果怀疑狗狗有可能感染了弓形虫、巴贝斯虫，应带狗狗去宠物医院检查确诊，由医生进行治疗。

4. 注意鉴别，谨防假药

1）选大品牌

最好选用大品牌的宠物专用驱虫药，安全、高效、便捷。

2）选好渠道

最好通过宠物医院、实体宠物店或者该品牌的网上旗舰店购买，不要随意从网上购买，以免买到假货。

3）扫二维码验明正身

按照国家相关规定，正规的药品包装上必须有一个二维码。可以在手机上下载一个"国家兽药综合查询"的APP（应用程序），打开之后用"兽药二维码公众查询"的按钮扫一下药品包装上的二维码。如果扫码后出现完整的厂家和药品信息，那么就没有问题；如果查询不到正常的信息，就说明药品有问题，可以拨打当地"动物卫生监督所"的电话进行举报。

国家兽药综合查询APP

常见体内寄生虫一览表

寄生虫类别	寄生虫名称	常规预防药物	服药频率	备注
蠕虫	蛔虫、钩虫、鞭虫、绦虫	德国拜耳拜宠清等可以广谱驱蠕虫的药物	成年犬： 3~6个月1次 6月龄以下幼犬： 1月龄 1次 2月龄 1次 3月龄 1次 6月龄 1次	如果发现狗狗粪便或者呕吐物中有虫，需要在第一次驱虫后2周第二次驱虫，1个月后第三次驱虫。然后再按照正常的时间间隔进行预防性驱虫。
	心丝虫	美国福来恩犬心宝	有蚊虫活动的季节1个月1次	1. 非疫区一般不需要预防心丝虫 2. 犬心宝可以同时驱蛔虫和钩虫。但是，如果怀疑有鞭虫或绦虫感染，就需要再服用其他驱虫药物。具体情况请咨询医生
原虫	球虫	怀疑有可能感染时去医院检查治疗	/	/
	弓形虫	怀疑有可能感染时去医院检查治疗	/	/
	巴贝斯虫	怀疑有可能感染时去医院检查治疗	/	/

第二节 体外驱虫

一、跳蚤和虱子

狗狗最常见的体外寄生虫有跳蚤和虱子。

1. 感染途径

只要你家的狗狗去草地，或者经常和别的狗狗玩，或者去野外（这可是它们最大的乐趣呀，别为了预防跳蚤和虱子而剥夺了它们的这些乐趣），就有可能感染虱蚤。

2. 形态及感染症状

虱蚤在吸食狗狗的血液时，往往会导致狗狗皮肤过敏，从而引起瘙痒。

因此，当你发现狗狗频繁地抓挠皮肤，尤其是经常突然回头啃咬自己某个部位时，就要警惕狗狗是否感染了跳蚤或者虱子。

这时应翻开狗狗全身的毛仔细检查，或者用密齿梳（篦梳）仔细梳理，尤其是狗狗正在啃咬、抓挠的部位，看看是否能发现虫体。

虱子移动缓慢，比较容易发现和抓住；而跳蚤则行动敏捷，不容易抓住，但是如果你看到了一个小黑点，转瞬又不见了，则很有可能是跳蚤。抓住了可疑的虫子之后，把它放到餐巾纸上，将餐巾纸折起来盖住，然后用大拇指指甲隔着餐巾纸用力一摁，听到"哔"的一声，就说明是虱子或者跳蚤。

密齿梳（篦梳）

如果没有发现或者抓住虫子，但是发现毛根处有一些像砂粒一样的黑色细小颗粒，可以把黑色颗粒放在用清水浸湿的棉球上观察。如果颗粒物会化开，并且呈淡粉红色，则说明这是虱蚤吸血后排出的粪便，即使没有找到虫体，也可以确定狗狗感染了虱蚤。

3. 驱虫办法以及驱虫周期

发现狗狗感染了虱蚤，不必惊慌，按以下步骤操作即可。

1）体外驱虫

首先通过正规渠道购买大品牌的体外驱虫药。体外驱虫药有喷剂、滴剂、体内外一体的滴剂或口服药

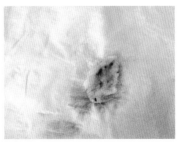

在棉球上化开的虱蚤粪便

以及除虫项圈。主人可以根据具体情况来选择最适合的产品。

一般来说，如果虫子的数量非常多，建议使用喷剂，起效最快。如果狗狗身上只发现几只虫子，那么除了喷剂，也可以选择其他类型的驱虫产品。有很多进口滴剂的效果都非常不错，而且使用方便，只要把眼药水大小的滴剂按照说明滴在狗狗背部脊椎处的皮肤上即可。这些滴剂一般在24~36小时内可以100%杀死狗狗身上的虱蚤，并能维持药效1个月。

要注意的是，如果狗狗的年龄太小，有很多驱虫药是不能用的。这种时候，可以选用幼犬专用的驱虫药，也可以用肥皂给它先洗个澡。虱蚤被肥皂泡沫粘住会失去活力，用水冲洗后，就可以洗掉大部分的虱

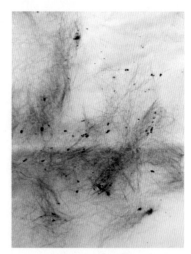

用篦子从狗狗身上
梳下来的虱子以及虱子粪便

蚤。然后用吹风机吹干毛，再每天用篦子仔细梳理毛发，人工除净残留的虫子。对于毛量少，1~2月龄以内的幼犬，这种方法比较适合。

2）环境驱虫

清洗狗狗的窝垫，用开水浸泡，让太阳暴晒。彻底打扫家里的地面，最好用吸尘器清洁地面所有的毛和灰尘。最后用驱虫喷剂喷洒环境以及狗狗的窝垫。

3）驱虫周期

如果狗狗经常会到草地上、野外玩，或者会接触其他的狗狗，那么建议在4~11月份这段时间内，每月1次给狗狗滴体外驱虫药，进行预防性驱虫。在其他的月份，因为天气寒冷，虱蚤的活跃程度大大降低，城市里的狗狗一般可以不用药。

当然，因为每年气候有变化，各个城市气候有差异，所以主人还是需要根据具体的情况来决定是否要给狗狗做体外驱虫。我一般是以蚊子作为标志物，当蚊子处于活跃状态时，就会给毛孩子们驱虫。

二、蜱虫

1. 感染途径

蜱虫在城市里一般不常见。但是你带狗狗去野外玩耍后，就要注意检查狗狗的身上是否有蜱虫。我经常去杭州的西天目山，当地人把蜱虫叫"山壁虱"，他们对当地的田园犬

身上有"山壁虱"显得司空见惯。

要注意的是，近年来在绿化比较好的城市里也经常有发现蜱虫的报道。我在上海居住的小区，绿化非常好，近几年就多次发现有喜欢到茂密的草丛中玩的狗狗感染了蜱虫。

蜱虫通常都在每年的温暖季节活动。

2. 形态及感染症状

蜱虫有很多种，分为软蜱和硬蜱两大类，一般为灰色。吸饱血后可以胀大到黄豆大小，而且吸血时头部会进入狗狗的皮下，并且牢牢吸附，即使受到惊吓也不会动，如强行拔除，还容易把头部断在皮肤内，造成感染。

蜱虫不仅会吸血，而且是很多病菌的媒介。例如上一节提到的巴贝斯虫病，就是由硬蜱传播的。

雌蜱吸饱血之后会落地产出大量的卵。而卵孵化成的幼虫又会到宿主身上吸血。有一次在天目山，我家留下发现身上有一个蜱虫，立即去除了。没想到，2周后，在皮肤上出现了密密麻麻的小黑点，至少有50多个，仔细一看，原来是孵化出来的小蜱虫。我现在想起来，还浑身起鸡皮疙瘩！

如果你发现狗狗的皮肤上，尤其是头面部，突然多了灰色的小肉疙瘩，看上去有点像瘊子，用手轻轻碰触不会掉，那么一定要仔细看一下，这个小疙瘩是否长着腿。如果是的话，就是正在吸血的蜱虫了。我曾经发现我家小黑的头顶皮肤上有个小疙瘩，仔细一看才发现是蜱虫！

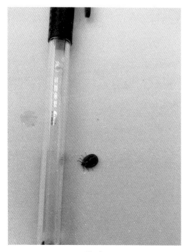

蜱虫

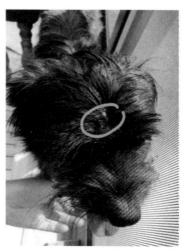

小黑头顶的蜱虫

如果没有及时发现，那么狗狗身上的皮肤可能会因为被蜱虫叮咬刺激而出现类似蚊子咬的小红包（细看会发现包块的中央有被虫咬过的痕迹，就像针眼一样），以及狗狗因瘙痒抓挠后出现的血痕，甚至破溃。发现这种情况时，也要马上从头开始，仔细翻查狗狗全身的毛，看是否能找到成虫或者虫粪。

因为蜱虫的吸血量很大，所以排泄物的量也很大。如果能在狗狗的毛中找到一小团黑色的块状物，把它放在白色的小碟子或者瓶盖中，加入少量清水，发现黑色物块能溶化，并且水的颜色变红，就说明是蜱虫的粪便。

雌蜱所产的虫卵会在2~4周内孵化成幼虫，再次回到动物的身上吸血。幼虫的颜色比成虫要浅，呈淡褐色，体积也要小很多，吸附在皮肤上就像是一颗浅色的痣。如果你发现狗狗的皮肤上忽然多了很多像痣一样的小黑点，那么一定要仔细观察。如果有可能，最好用放大镜检查。如果发现这些芝麻粒会移动，并且还有脚，就说明是刚孵化出来的幼虫。

3. 驱虫办法以及驱虫周期

首先，一旦发现叮在狗狗身上的蜱虫，要设法去除。

但是千万不要直接用手随意硬拔，因为这样有可能让蜱虫的头部折断在皮肤里，而且也会刺激蜱虫分泌更多携带病原体的唾液，增加感染的可能性。如果数量少的话，可以在蜱虫的身上涂满植物油、酒精或者碘酒，使其窒息；然后用镊子夹住，垂直于皮肤迅速拔除。如果数量多的话，建议去宠物医院请医生处理。拔除的蜱虫应用火烧死，不要随意丢弃，以免它在环境中大量产卵。

蜱虫去除后，用聚维酮碘对被蜱虫叮咬的部位进行消毒。

如果狗狗刚从野外回来就已经发现蜱虫并且去除了，那么除了局部消毒外，不用再做进一步的处理。

如果是从野外回来24小时后才发现蜱虫，那么建议用能够杀死蜱虫成虫和虫卵的喷剂，例如福来恩喷剂，对环境进行消毒，以免有吸饱血的蜱虫掉落到地上产卵之后再孵化出大量幼虫。

不是所有的体外驱虫药都能杀死蜱虫，因此，如果狗狗的活动环境里有蜱虫的话，我们要注意选用能同时驱跳蚤、虱子和蜱虫的驱虫药，在蜱虫活跃的季节，每月1次，进行预防性驱虫。

三、耳螨

耳螨，又称为耳痒螨，寄生于狗、猫的耳道中，具有高度传染性。

1. 感染途径

流浪猫狗大多患有耳螨病，因此，和流浪猫狗接触，以及和患有耳螨病的宠物猫狗接触，是狗狗感染耳螨的主要途径。此外，经常喜欢钻草丛的猫狗也容易感染耳螨。

2. 感染症状

详见第105页第二篇第二章第六节。

3. 驱虫办法以及驱虫周期

发现狗狗感染了耳螨之后，如果没有发炎，或者炎症不太严重，只是外耳道有轻微红肿，那么主人可以尝试自己处理。如果红肿严重，甚至化脓，则要尽快去医院，以免延误病情，发展成中耳炎等更为严重的疾病。

自己处理的原则是：清洁、除螨、消炎（详见第105页第二篇第二章第六节）。

四、常见体外寄生虫一览表

体外寄生虫名称	常规预防药物	驱虫频率	备注
虱子、跳蚤	滴剂、喷剂、药物项圈、体内外一体口服药	4~11月 1次/月	根据当地气温以及虫子活动情况调整
蜱虫	滴剂、喷剂、药物项圈、体内外一体口服药	4~11月 1次/月	有些体外驱虫药只能驱虱子和跳蚤，不能驱蜱虫。如需驱蜱虫，要注意选择能同时驱虱子、跳蚤和蜱虫的药
耳螨	没有预防药物，可以用耳肤灵治疗	/	/

在选择驱虫药时，除了考虑驱虫效果，还要考虑药物毒性对狗狗的影响。最简单的办法就是选择大品牌的驱虫药，很多非常便宜的驱虫药其实就是农药，能杀虫，但是毒性很大。

第五章 关于绝育

第一节 两种观点

关于是否应该给狗狗绝育，目前在中国有两大派别：保守派和激进派。保守派认为不应该给狗狗绝育，激进派认为应该给所有的狗狗绝育。下面我列出了两大派别各自的观点，以及我对这些观点的回应，供宠物主人们参考。

一、保守派的观点：不应该给狗狗绝育

1. 理由一：绝育违背自然，不应剥夺狗狗的"性福"和生育权利；或者，即使准备给狗狗绝育，也让它先生育一胎，有个完整的"狗生"，也留个后

这种从伦理角度出发的想法有一定道理，但是，如果我们从更多的角度来考虑，或许就会得出不一样的结论。

请想一下人类采取节育措施，而不是像旧社会一样，让女人一个接一个地生孩子，是不是违背自然呢？

狗狗性成熟后，一年两次发情。你是否能保证在漫漫十几年的狗生中，当每年两次的发情季节来临时，都能给它找到配偶，满足它的欲望，让它"性福"？如果不能，那么在它懵懵无知时绝育，让它保持天真无邪的状态，是否会比让它交配一次或者几次，头脑中有了更强烈的欲望之后却让它无处发泄更好一点呢？

狗狗发情完全是出于繁衍后代的本能，而不是像人类一样还有寻欢作乐的功能。

狗狗发情时，茶饭不思，整天想着出门找配偶。很多狗狗，在发情期都会因此而消瘦。

我家小黑是混血的小型梗犬，原来是西天目山农村农民散养的狗。小黑发情的时候，村里四面八方的公狗都赶来找它。我怕它怀孕，把它关了起来，它却想尽办法逃出去会"情郎"。但是在交配时，它却发出阵阵惨叫，因为山里的公狗个子高大，小黑几乎是被拖在地上。只要见到那个场面的人，都会心疼小黑，绝对不会认为它很幸福。好不容易交配结束，小黑赶紧逃离公狗，但是没过多久，又会出去找它。一天至少交配4~5次。这种

完全被本能所支配的行为，你觉得它幸福吗？

狗狗在交配的时候，还容易感染疾病。我曾看到过这样一个案例：主人花钱给家里的母狗配种，结果狗狗却因此而感染，患了子宫蓄脓，不得不摘除子宫。

要知道，狗狗一胎一般会生4~5个小宝宝，多的甚至能达到10个以上。如果让狗狗怀孕生宝宝，你是否有精力和财力照顾这些宝宝呢？是照顾一辈子，十几年哦！或者，至少能帮这些宝宝都找到一个愿意照顾它们一辈子的"爸爸妈妈"呢？

另外，如果完全顺其自然地话，你会让狗狗每年生两胎，一年一年地生下去吗？当这些狗宝宝、狗宝宝的宝宝……长大后，是不是还得继续让它们顺其自然地生育呢？

2. 理由二：狗狗绝育后就不像"公狗"或者"母狗"了，会被别的狗狗瞧不起

我观察过无数绝育后的狗狗，依然在"社交"场合很吃得开，跟小伙伴们玩得很开心。我们家的例子就是，留下作为家里第一个绝育的母狗，无论是绝育前，还是绝育后，一直都是当之无愧的老大，地位从来没有受到过撼动。

相反，有很多公狗，例如我们小区的一条边牧，小的时候跟谁都合得来，每天有很多狗伙伴一起玩，非常开心。但大约从两岁开始，随着雄性激素增多，领地意识增强，开始变得争强好斗，最后落得孤家寡人一个，再也没有小伙伴跟它一起玩了。

3. 理由三：绝育狗狗的性情会变得忧郁甚至有攻击性，是绝育造成内分泌改变而引起的吧

有个别狗狗在绝育后的确会变得性情忧郁甚至对生人有攻击性。但这不是绝育本身引起的（绝育后的内分泌要几个月之后才会明显改变，而且内分泌的改变只会让狗狗性格变得更加温柔），而是由以下两个因素造成的。

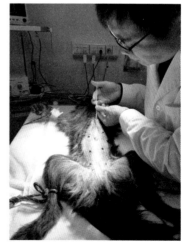

首先，狗狗到医院一般都会很紧张，如果在打麻药之前的整个过程中，医护人员对狗狗不耐心、简单粗暴的话，会使它对陌生人（医护人员）产生恐惧心理，从而变得不愿与外界接触（忧郁）或者对生人做出攻击行为。

其次，还有一个原因是手术前后没有做好疼痛管理。有些兽医由于观念问题，认为动物忍痛能力很好，只要做了麻醉，手术过程不挣扎就行了，因此没有给狗狗打止痛针，造成动物对手术有疼痛记忆，从

凌凤俊老师在手术前给小黑打止痛针

而发生性格上的改变。

如果能选择好的医院和医生，术前对狗狗温柔耐心，术中和术后做好疼痛管理，是不会发生狗狗绝育后性情变坏的情况的。至少我家的9条狗3只猫，全部绝育，都没有因为绝育而发生性情变坏的情况。

4. 理由四：绝育手术会让狗狗很疼，太可怜了

这个担心是有理由的，不过太夸大了。正如第3点中所提到的，如果手术时麻醉，止痛到位，是不会让狗狗感觉很疼的。

而让母狗怀孕生宝宝，反而有可能让狗狗遭受更大的痛苦。

就算是正常生产，生产过程中狗狗所感受到的疼痛远大于手术可能带来的疼痛。

如果遇到难产，还要去医院剖腹产，那遭的罪可不是一点点。我认识一条小泰迪，是母狗。它主人相信让母狗生一胎对狗狗好，结果它生了足足一个晚上也没有生下宝宝。第二天一早送医院检查，发现已经胎死腹中，子宫也已经受到细菌感染，只好立即手术，摘除子宫和卵巢。

5. 理由五：绝育手术，会有感染的风险。尤其是母狗绝育手术，因为是腹腔手术，所以感染风险更大

这个担心也是有一定道理的，凡是外科手术，都可能有感染的风险，而母狗绝育这类腹腔手术，感染风险自然比公狗绝育手术更大。

但是，如果医院正规，医生操作规范，那么这种感染的风险是几乎可以忽略不计的。我在上海的宠物医院见习半年多时间，没有见到一例因手术而感染的。事实上，对于大部分"区级医院"以上的宠物医院来说，避免术后感染是一个最基本的要求。

所以，既不要因为绝育手术是一个常规手术而掉以轻心，随意选择不正规的宠物医院甚至没有医疗资质的宠物店，也不要因为有感染风险而执意不给母狗绝育，才是正确的态度。

6. 理由六：母狗的子宫和卵巢是机体的重要器官，除了生育功能，还有内分泌和免疫功能，摘除健康母狗的子宫和卵巢，一定会给狗狗的健康造成影响

的确，子宫还有一部分免疫功能。但是，子宫并不是重要的免疫器官，脾脏和淋巴系统才是。"两害相权，取其轻"。摘除健康的子宫，损失掉一小部分免疫功能是一"害"；但是不摘除子宫和卵巢，以后如果患了子宫蓄脓和/或乳腺肿瘤，会有生命危险，是更大的"害"。就我而言，并没有看到或听到过在绝育手术后，狗狗的免疫功能受到影响的情况。

同样的，摘除子宫和卵巢之后，会使狗狗的雌性激素水平下降，有可能会造成掉毛、过敏等问题。但是，如果注意避免在狗狗发情，或者怀孕等雌激素水平特别高的时候绝育，不会造成绝育前后雌激素水平相差太大，就不容易发生这些问题。

我家所有绝育的猫狗除了来福，其他都是在正常的时候做的绝育，在绝育后都没有任何异常；而来福是在发情交配后去绝育的，之后变得容易过敏，估计和雌激素水平骤降有关。

目前在国际上，子宫和卵巢全摘是标准的母狗绝育方法。

7. 理由七：既然给母狗做绝育手术会有前面所说的健康风险，为什么要给健康母狗做绝育手术呢？等到它万一子宫蓄脓的时候再做手术不是一样吗？万一它一直都没有子宫蓄脓，不就可以少挨一刀吗

我以前也曾经有过同样的疑惑。

但是，如果你跟我一样，在宠物医院见到过那些上了年纪、子宫蓄脓后再来做手术的母狗，相信你自己就会有一个正确的答案了。

年轻健康的母狗做绝育手术，麻药风险很小，而且术后恢复起来很快，当天或者最晚第二天即恢复进食和大小便，一般3天左右就活蹦乱跳了。因为绝育手术摘除了子宫，就消除了子宫蓄脓的风险了。

未绝育母狗患子宫蓄脓的概率是23%，死亡率为4%。而一般5岁以上的中老年犬更容易患子宫蓄脓，那个时候手术，麻药风险就要大很多，而且因为是在年纪大且严重感染的情况下手术，所以术后恢复也要慢很多，还不一定能恢复到完全健康的状态。另外，医疗费也比普通的绝育手术贵很多。

子宫蓄脓分为开放型和闭锁型。开放型的因为可以见到脓性分泌物从阴门流出还比较容易发现，但闭锁型的则子宫积脓不会从阴道排出，因此主人很难及时发现，如果未能及时就医，会造成严重后果。

有一条9岁的小泰迪"妞妞"，开始阴部有血样分泌物，主人以为是发情，直到十几天后，发现狗狗精神不振、食欲废绝、阴部流出脓液，才意识到有问题。送到医院检查，诊断为子宫蓄脓，由于感染严重，已经肾衰了，肝功能的指标也很差。不手术，狗狗可能很快就会死亡；而手术，又很可能过不了麻药这一关。虽然后来凌凤俊老师还是果断决定手术，并且只用了13分钟就完成手术，挽救了妞妞的生命。但是，术后妞妞不得不每天输液，足足输了半个月；术后精心调养3个月左右，才逐步恢复正常。费用就更不必说，够做几次绝育手术了。妞妞还算是幸运的，遇到了凌老师，如果遇到一个经验不够丰富的医生，就不一定能挽回生命了。

8. **理由八：听说生育一胎后的母狗不容易子宫蓄脓，我宁愿让它生育一胎，不想让它绝育**

的确如此，和生育一胎的母狗相比，从未生育的母狗患子宫蓄脓的概率会大大增加。但是，这只是一个从群体中统计出来的数字。哪怕这种疾病的患病概率只有1%，但对于某一条具体的狗狗来说，只要患了病，那概率就是100%。谁能保证，这个100%不会落到自家狗狗身上呢？

冻冻在手术前

冻冻乳腺肿瘤摘除后第3天

有一条名叫"冻冻"的10岁比熊，3岁时生育过一胎，后来乳腺长期泌乳，2019年因为患乳腺肿瘤，从杭州到上海找凌凤俊老师手术。结果发现，除了乳腺肿瘤，子宫也已经严重积液，再晚一点，就会发展成子宫蓄脓了。所以，千万不要用生育一胎作为预防子宫蓄脓的手段。

9. **理由九：听说绝育后狗狗会发胖**

的确如此，而且绝育后的公狗比绝育后的母狗更容易发胖。但是，这主要是因为，绝育之后，因为失去了"性致"，狗狗有可能会变得不如以前那么好动，而且对"狗生"的追求只剩下了吃，不动加上贪吃，才是发胖的罪魁祸首。

只要主人管理得当，就算狗狗不要求，也主动带它定时出门运动；控制好食物的量，狗狗还是可以保持一个好身材的。我家9狗3猫，全部绝育，没有一个肥胖的。

10. **理由十：担心麻药风险**

是的，虽然现在大部分宠物医院都是用小剂量的诱导麻醉加上呼吸麻醉，安全性很高，但毕竟还有万分之一左右的麻药风险。

不过，和年轻健康的状态相比，当狗狗上了年纪后因为子宫蓄脓或者乳腺肿瘤等疾病而不得不手术时所要面对的麻药风险，就要大得多了。

如果狗狗有下列情况之一，麻药风险会加大，主人需要谨慎考虑是否手术：可能有心脏问题；体重太轻；身体太弱；年纪太大（10岁以上）；或者肝肾功能不全等。

11. **理由十一：母狗绝育费用太贵了**

和不绝育的狗狗意外怀孕后生育和养育幼犬的费用相比，或者和将来患子宫蓄脓、乳腺肿瘤等疾病时需要花费的医疗费用相比，绝育费用要低很多。

总之，保守派对于绝育的担心大部分是不必要的，或者是可以通过选择好的医院和医生避免的。

二、激进派的观点：应该给所有狗狗绝育

激进派认为绝育对狗狗的健康有好处，而且可以防止母狗意外怀孕，避免产生大量流浪狗，所以应该给所有的狗狗绝育。但是，这个观点有点过于绝对。

首先，绝育对狗狗健康的影响，也是因狗而异。不同性别、不同年龄、不同犬种、不同个体，不完全一样。

其次，如果不是流浪狗，只要主人用心管理，是可以避免狗狗意外怀孕的。因此，如果仅仅以防止意外怀孕为目的而建议所有宠物狗绝育，有点过于片面了。

绝育对狗狗的影响有行为和健康两方面。而对于每一条狗狗来说，这些影响都不尽相同。到底该不该给狗狗绝育，不应该是用一句话可以回答的，而是主人应该根据自家狗狗的实际情况做出决定。你可以在耐心看完后面两节的内容之后，再做出选择。

第二节 绝育对健康的影响

从长期的角度来看，绝育对狗狗健康方面的影响，有正面的，也有负面的。具体到你家的这条狗狗来说，到底要不要给它做绝育，要根据它的性别、年龄、犬种以及身体状况，综合判断到底做绝育对它是好处多，还是坏处多。

我看到过一篇关于绝育比较客观的学术文章，是外科硕士劳拉·J·桑伯恩（Laura J.Sanborn）2007年5月14日发表的一篇论文：《母狗卵巢摘除手术和公狗阉割手术的长期健康风险及益处》。从这篇文章中，我们可以了解，绝育对狗狗健康的影响和以下几个方面有关。

一、和年龄有关

过早绝育对狗狗不好，会使患某些恶性疾病的风险增加。

在青春期之前对母狗进行绝育，会增加泌尿系统疾病的发生率。

而对于母狗来说，绝育对降低患乳腺肿瘤概率的影响，跟发情次数有关。在发情两次之前绝育，能降低母狗患乳腺肿瘤的风险。未发情之前绝育，患乳腺肿瘤的相对风险最

小；发情1次后绝育，患乳腺肿瘤的相对风险会略微上升；而发情两次及两次以上，相对风险会骤升。

总之，在2岁之前，发情次数越少时绝育，将来患乳腺肿瘤的概率越低。但是，2岁以后绝育，对于乳腺肿瘤的发生率就几乎没有任何影响了。

二、和犬种有关

下面以骨肉瘤、血管瘤、子宫蓄脓症为例说明一下。

骨肉瘤。绝育犬发生骨肉瘤的概率是未绝育犬的两倍，同时，在1周岁之前绝育的犬患骨肉瘤的风险会大大提高。

然而，患骨肉瘤的风险随犬种体型的增大，尤其是犬身高的增加而增加。骨肉瘤是中大型以及巨型犬种的常见死因。在金毛猎犬的常见死因中，骨肉瘤位居第三。而在更大型犬种的常见死因中，骨肉瘤的排名甚至还要靠前。鉴于骨肉瘤的预后很差及其在许多犬种中的多发性，对中大型、大型以及巨型犬的未成熟犬进行绝育，会明显导致因骨肉瘤而死亡的风险骤增。

血管瘤是犬类的常见癌症。它是某些犬种的主要死因之一，例如萨路基猎犬、法国斗牛犬、爱尔兰水犬、平毛猎犬、金毛猎犬、拳师犬、阿富汗猎犬、英国塞特犬、苏格兰梗犬、波士顿梗犬、斗牛犬以及德国牧羊犬。

一项针对心脏血管瘤风险因素的回溯性研究发现，和未绝育母狗相比，绝育母狗的风险是未绝育母狗的6倍以上；绝育公狗的风险是未绝育公狗的2.6倍。因此，对于那些血管瘤为重要死因之一的犬种来说，在决定是否要做绝育手术之前，或许应将绝育会引起患血管瘤概率增加的因素考虑在内。

子宫蓄脓症。有23%的母狗在10岁之前罹患子宫蓄脓症。伯恩山犬、罗威那犬、粗毛柯利犬、骑士查理王小猎犬以及金毛猎犬为发病概率较高的犬种。

三、和狗狗的具体状况有关

例如，公狗睾丸癌的发生率并不算高（7%），然而，双侧或单侧隐睾的公狗则是例外。因为滞留在腹腔的睾丸发生肿瘤的可能性比正常下降睾丸要高13.6倍，而且在常规体检中也更难检查出肿瘤。

又例如，母狗患生殖道肿瘤的概率非常小，但是对于在发情后反复发生假孕的母狗而言，则患生殖道肿瘤的概率会大大上升。

四、和狗狗的性别有关

总的来说，母狗绝育给健康上带来的好处要大于坏处。在第二次发情前绝育，可以大大降低乳腺肿瘤的发生率。同时，绝育还能消除子宫蓄脓、卵巢囊肿或增生、生殖道肿瘤等生殖系统疾病的风险。

而公狗绝育，虽然可以消除患睾丸癌的风险，但是因为正常未绝育犬睾丸癌的发生率本来就不高（7%），而且治愈率高（未绝育公狗死于睾丸癌的比例低于1%。），因此，绝育给公狗在健康上并不会带来显著的好处。

第三节 绝育对行为的影响

一、未绝育的成年公狗会有以下一些令主人烦恼的行为

1. 做标记

因为领地意识强，到一个新的环境，或者家里来了新的成员，就会到处撒尿做标记。

2. 打架

在遇到有发情母狗的时候，为了争夺配偶，两条陌生的公狗往往会在一瞬间撕咬在一起。而且这种争斗是最不留情面的，容易造成比较严重的伤害。

即便没有发情母狗，首领意识特别强的成年公狗有时也会对进入其领地的其他成年公狗发动进攻，以强调自己的地位。

3. 抱腿

由于在城市里，发情公狗的欲望很难得到满足，所以就会经常不分时间、场合地抱着主人的腿做出交配动作，令主人非常尴尬。有的主人会拿一个毛绒玩具给狗狗当"老婆"。但这样很容易因为毛绒玩具上面的细菌而引起生殖器发炎。

4. 走失

正常情况下，狗狗在户外活动时，即使松了绳子，一般也总是会追随主人。公狗还会沿途撒尿做标记，万一和主人走散了，自己找回家的可能性也比较大。

发情公狗顶着来福的屁股

而一旦公狗发情，就会把鼻子顶在发情母狗的屁股后面跟着跑，不但完全把主人抛在脑后，还会忘记做标记，一旦走散，就很有可能找不到家了。所以，每到春秋两季发情季节，总是会有特别多的寻狗启事。此外，社会上还有些人，会在这时故意带一条发情母狗出来拐骗单身公狗！

二、未绝育的成年母狗也会有一些令主人烦恼之处

遭遇
"性骚扰" > 母狗发情时散发出的气味会招引来一大堆的公狗。不但公狗为了争风吃醋而打架会吓到母狗和主人，更令人讨厌的是，公狗会坚持不懈地找机会来和母狗交配。如果母狗正好处在发情的中后期，那么只要主人稍微一不留神，两条狗狗在一瞬间就会配上，造成母狗意外怀孕。

烦人的血渍 > 母狗一年两次发情期间，会像女人来月经一样流血。小型犬问题不大，因为血量非常少，而且狗狗会自己很快把血舔干净。而对于中大型犬，虽然狗狗也会自己舔舐，但由于出血量较多，所以往往会随着狗狗的活动轨迹，把难以洗净的血渍弄得到处都是。

当然，这个问题也可以通过给狗狗用卫生护垫来缓解。但一定要注意，每隔2~3小时就要给狗狗更换护垫，否则容易使细菌大量繁殖，从而引起尿路感染甚至子宫蓄脓。

以上这些问题，在给狗狗绝育之后，会完全杜绝，或者在很大程度上得到缓解。

正在发情的留下引来一条萨摩耶公狗

第四节 到底该不该给狗狗绝育

到底该不该给自家的狗狗绝育呢？如果你觉得前面写得太复杂，有点晕头转向了，那么我在这里总结一下，你可以对照狗狗的情况做出自己的决定。

一、如果你有一条公狗

1. 性成熟前的幼犬

在它性成熟（小型犬8个月，中大型犬1岁左右）之前，最好不要为它绝育。

2. 中大型犬

如果你家狗狗为金毛等中大型、大型以及巨型犬，不要在1周岁之前为它绝育，以免增加患骨肉瘤的风险。

3. 特定纯种犬

如果你家狗狗是属于下列品种之一的纯种犬：萨路基猎犬、法国斗牛犬、爱尔兰水犬、平毛猎犬、金毛猎犬、拳师犬、阿富汗猎犬、英国塞特犬、苏格兰梗犬、波士顿梗犬、斗牛犬、德国牧羊犬，那么请咨询繁殖者关于血管瘤风险后，再决定是否要为它绝育，因为血管瘤是这些犬种的重要死因之一，而绝育会引起患血管瘤概率增加。

4. 胖狗

如果你家狗狗是一条胖狗，那么最好先减肥，再考虑绝育。

和未绝育犬相比，绝育公狗患肥胖症的概率要高3.0倍。而且绝育后，因为不再"为情所伤"，"吃货"狗狗会把"吃"作为狗生唯一的乐趣，因此更容易肥胖。

而"胖狗"更容易患肾上腺功能亢进、十字韧带断裂、甲状腺功能减退、尿路疾病、糖尿病、胰腺炎等疾病。

所以应该先设法让狗狗多运动，等体重开始下降后再调整食量。最后，等狗狗的体重正常，并且能有规律地运动之后，再根据需要给它绝育。

胖狗（"米奇"友情提供）

5. 隐睾

如果它患有单侧或者双侧隐睾，也就是说平时只能摸到一个"蛋蛋"，或者两个"蛋蛋"都摸不到，那么请在它性成熟之后果断为它绝育。

隐睾的狗狗睾丸隐藏在腹腔或者腹股沟管内，没有下降到阴囊，患睾丸癌的风险会大大增加。

6. 其他犬种

如果你家狗狗不属于第2、3点中所提到的那些品种的纯种犬，那么最好在它性成熟之后为它绝育。

虽然从健康的角度来说，性成熟之后绝育并不会给这类公狗带来健康方面的重大好处或者坏处，但是却会给主人在管理上带来很大的方便，可以大大减少走失、打架的风险。

我养的第一条狗狗Doddy就是公狗，那时因为不懂没有给它做绝育。结果在它13岁那年，因为小区里一条母狗发情，为争交配权被另一条也已经十几岁未绝育的雄性博美一口咬瞎了一只眼睛。

2015年10月16日，我正在杭州西天目山的一个小山村里写这个章节的时候，"小胖"突然袭击了"Sock"。小胖是本地村民家养的中华田园犬，公狗，1岁半。而Sock则是刚搬来的马尔济斯犬，2岁的公狗，均未绝育。小胖平时很温顺，但是因为很有"首领"意识，所以在发现"外来户"Sock是条成年公狗之后，就决定给它点颜色看看，告诉它自己才是这里的"老大"！而袭击事件发生时，现场还有另外两位雄性"外来户"——两条泰迪犬，却平安无事，原因就是这两条泰迪已经在几年前就做了绝育手术，在小胖的眼里（确切地说是"鼻子里"，因为狗狗是靠闻气味来判断对方性别的）已经不再构成威胁了。

这类的故事真是太多了。所以说，如果你家狗狗符合条件，还是尽早绝育吧。

二、如果你有一条母狗

1. 性成熟之前的幼犬

和公狗一样，在它性成熟（小型犬8个月，中大型犬1岁左右）之前，最好不要为它绝育。

一般情况下，建议在第一次发情之后、第二次发情之前绝育，这样既能确保狗狗已经达到性成熟，又能大大降低狗狗将来患乳腺肿瘤的风险。

但是，对于一些易患乳腺肿瘤的高危犬种，如拳师犬、可卡犬、英国史宾格犬以及腊肠犬，则最好在第一次发情之前绝育。纯种犬比混种犬患乳腺癌的概率要高，而近亲交配系数高的纯种犬则有可能比近亲交配系数低的纯种犬患乳腺癌的概率要高。

2. 胖狗

和公狗一样，如果你家狗狗是一条胖狗，那么请暂时不要为它绝育。

肥胖的母狗除了和公狗一样，容易罹患各种疾病之外，腹部脂肪过多，还会给绝育手术增加难度。

等狗狗的体重正常，并且能有规律地运动之后，再根据需要给它绝育。但是，请不要拖延到第2次发情之后。

3. 超过2岁的狗

如果你家狗狗已经超过2岁了，并且每次发情都很正常，那么你不用急着立即给它去做绝育手术。但是，如果它经常假孕，那么请尽早为它绝育，因为假孕容易引发乳腺炎以及包括子宫蓄脓在内的生殖系统疾病。同时，经常假孕的母狗多数有激素分泌紊乱的情况，因而患生殖系统肿瘤的概率也会增高。

4. 性成熟后的狗

总体来说，最好在母狗性成熟之后为它绝育。

对于母狗来说，绝育给健康带来的好处要远远大于坏处。

为适龄母狗绝育，除了会给它在健康方面带来重大的益处之外，当然也会免去每次发情时给主人带来的麻烦，消除了意外怀孕的风险，并大大减少走失的风险（和公狗一样，母狗在发情期间为了寻找配偶，也很容易走失哦）。

第五节 绝育前后的注意事项

一、绝育时机的选择

最佳年龄 〉	一般来说，小型犬：7~8个月；中大型犬：1岁左右。母狗最好在第一次或者第二次发情前。具体参见第165页第二篇第五章第四节相关内容。
最佳季节 〉	虽然对于医生来说任何季节都可以手术，但如果可以选择，我建议尽量选择秋季，因为那时气候干燥，气温适宜，伤口不容易感染，狗狗恢复起来也快。此外，最好选择术后3~5天都是晴天的日子。这样，术后狗狗出门散步时不容易污染伤口。

身体状况 〉	健康。已做过免疫。因为手术时，身体抵抗力会降低，而医院又是一个病菌集中的地方，做了免疫后能将风险降到最低。

此外，母狗最好不要在发情期做绝育。狗狗在发情期内，子宫会充血，手术易发生大出血。虽然对于医术好的医生来说这不是问题，但如果主人能够选择的话，最好是避开发情期。这样也可以降低内分泌紊乱的风险。

二、手术医院和医生的选择

母狗绝育是大事。

母狗绝育又称为子宫卵巢摘除术，需要开腹摘除子宫和卵巢。母狗的卵巢和肾脏、输尿管靠得很近，如果医生医术不佳，容易造成尿失禁、尿路感染等后遗症。此外，还可能会因为子宫残端保留过多或卵巢摘除不完全引起子宫残端蓄脓或者手术后仍然会发情的情况。我家小黑就是在一个县城医院绝育后又发情，后来带到上海请凌凤俊老师重新开腹，摘除了第一次手术遗漏的卵巢，才绝了后患。

公狗绝育相对比较简单，一般不需要开腹，只要在睾丸上方的位置切一个开口，取出两个"蛋蛋"，再结扎输精管就行了，因此对医生的要求没有像母狗绝育那么高。

但是，如果你家狗狗是隐睾，就需要开腹把隐藏着的那个"蛋蛋"取出来了。隐睾手术需要非常有经验的医生才能操作。同时，和一切外科手术一样，无论公狗还是母狗，绝育手术都会有麻醉风险和手术风险。

选择一家硬件条件好的医院和经验丰富的外科医生能将所有风险降到最低，即便在手术过程中发生意外也有抢救的能力（参见第61页第二篇第一章第一节）。

在确定医院和医生之前，向医生问下列问题有助于你做出正确的选择。

问题1：做母狗绝育手术是否会发生子宫残端蓄脓、再度发情以及尿失禁等后遗症？

凌凤俊老师准备给小黑做手术

我当初在为留下选择手术医院时，有一家医院给我的答复是：一般不会，但也不能完全保证不会发生。而另一家的答复则是：这和医生的技术有关，如果子宫或者卵巢没有摘除干净，或者碰伤了输尿管，就容易发生。但在该院从未发生过。所以，我果断选择了第二家。

问题2：手术医生的年纪、学历背景、经历如何，一共做过多少例母狗绝育手术？最近一年做过几例？有无发生过意外或者有后遗症的？

尽量选择正规院校动物医学或者相关专业毕业、经验丰富的手术医生。

问题3：是否有疼痛管理？狗狗麻药醒后伤口会感到疼痛吗？

好的医院一般会给狗狗打长效止痛针，确保狗狗在麻药苏醒后到达疼痛高峰的时候不会感到明显疼痛。

问题4：手术后多长时间能从麻药中醒来？

需要的时间越长，麻药风险越大。一般半小时左右比较正常。

问题5：术后能否把切除的组织给主人确认？

正规的医院一般都会把切除下来的组织给主人看一下。通过检查切下的组织，你可以确定医生是否把子宫和卵巢，或者睾丸完整地摘除了。但是，如果术后发现医生没有切除完整，其实已经为时已晚，只不过为主人争取自己的权益保留了证据而已，狗狗还是要遭二茬罪。

因此，我更建议主人在确定手术医院之前就询问这个问题，并且可以把下面的图给医生看一下，说明术后自己会将切除的组织和图片对照，这样可以让有些不正规的或者经验不足的医生知难而退，避免重蹈我家小黑的覆辙。

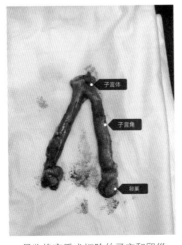

母狗绝育手术切除的子宫和卵巢

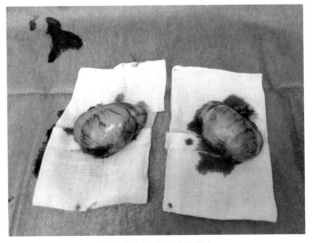

公狗绝育手术切除的睾丸

三、主人的术前准备工作

如果家里有人能照看的话，绝育手术后是没有必要住院的，而且最好不要住院。因为住院会让本来已经受伤的狗狗感到很恐惧，以为被主人遗弃。而且，关在医院笼子里时，很多狗狗因为不习惯会长时间憋屎憋尿。

如果你准备术后把狗狗接回家照顾的话，最好提前做好以下准备工作。

准备1：手术前一天大扫除。把家里的所有角落，包括床底下，都打扫干净，并消毒，降低伤口感染风险。布置好宠物箱。

手术后的狗狗就相当于受伤的动物，往往喜欢找个阴暗角落躲起来疗伤。不留死角地把家里打扫干净，可以避免狗狗钻到某个脏的角落污染伤口。

最好能布置一个舒适的宠物箱。平时不用宠物箱的，应提前几天把宠物箱放在家里安静的角落，让狗狗先适应一下。有了宠物箱，狗狗就不太会钻到沙发或者床底下去疗伤了。注意，如果是透光的铁笼子，应找块遮光布罩住，这样狗狗才有安全感。也可以用纸板箱临时代替。

准备2：准备好保暖的垫子、毯子等，并全部洗净消毒。

建议准备足够数量的小床单，以便及时替换，保持窝垫清洁。狗狗术后怕冷，因此带狗狗去绝育时，别忘了带一块干净的毯子，以便在手术后包裹狗狗，把它抱回家。

准备3：准备好伊丽莎白圈。

为防止狗狗舔伤口，术后需要给它戴上伊丽莎白圈。这个东西在网上买很便宜，医院买就贵多了，所以最好事先准备好。如果不住院的话，等狗狗手术后回到家再给它戴上就可以了。

留下在宠物箱里休息

准备4：准备好手术衣。

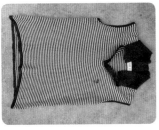
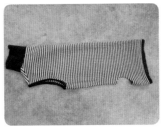
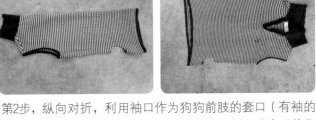

第1步，找一件无袖的旧T恤，长度等于狗狗从肩到尾巴根部的身长（过长的话裁剪到合适的长度），胸围要大于狗狗的腹围。

第2步，纵向对折，利用袖口作为狗狗前肢的套口（有袖的话，剪掉袖子即可）。从袖口出发，在同一侧下端合适的位置剪出1个半圆形（直径略大于狗狗后肢靠近身体端的腿围直径），打开后形成4个洞，可以用来套入四肢。

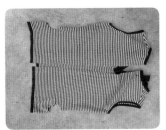

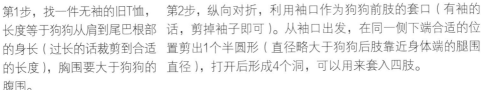

第3步，将T恤背部沿中线剪开。

第4步，将T恤沿剪开的中线纵向对折，沿着长边剪成4~6条宽度适当的布条，开口不要剪到底，大约到T恤的1/2宽度。

第5步，给狗狗穿上后，将左右两根对称的布条根据狗狗的胸围打结。这就是一件合身的手术衣了。注意不要把结打得太紧，以免勒住胸腔和腹腔。以可以在手术衣和狗狗身体之间轻松插入2个手指为宜。同时检查四肢的套口有没有过紧，过紧的话应该再剪大一点。

第6步，检查手术衣是否会遮挡狗狗撒尿的部位。对于母狗，可以把遮挡的部位剪掉一点；对于公狗，可以在手术衣上挖一个洞，露出"小鸡鸡"。

手术衣当然也要事先洗干净并消毒。多准备几件以便替换。

有很多医院会在术后提供弹力手术衣，但是那种衣服不易穿脱，不利于主人在家观察伤口以及给伤口消毒，而且四肢勒得很紧，需要经常松动一下，不太方便，所以建议在手术第2~3天换成自制手术衣。

为了防止狗狗舔伤口，医生会要求到拆线前要每天24小时戴伊丽莎白圈。但那样一来狗狗会不舒服，二来脖子上戴伊丽莎白圈的部位容易因为长时间不透气而造成皮肤红痒，而且有些狗狗特别抗拒戴伊丽莎白圈。有了手术衣，就可以在适当的时候让狗狗放松一下。

穿着手术衣的腊月

准备5：准备好聚维酮碘和医用棉球。

术后需要每天1~2次用聚维酮碘对伤口进行消毒。

四、手术当天主人需要注意的

1. 术前

1）禁食禁水

根据医嘱提前禁食禁水，一般要求提前8小时禁食禁水。

2）提前排便

进医院前让狗狗大小便。

3）尽量减少狗狗的恐惧

正规的宠物医院在术前（麻醉前）要给狗狗做一系列准备工作，包括扎留置针、打术前针等。这个时候最关键的是不要让狗狗害怕。有的狗狗做了绝育手术之后会变得抑郁或者对生人有攻击行为的原因就是这一步没有处理好，让它感受到了恐惧。如何让狗狗乖乖配合吃药打针，详见第179页第二篇第六章第四节。

4）提前"体检"

主人最好在去医院前先仔细检查狗狗的身体，有些小问题可以在事前向医生提出，在做绝育手术的时候一并处理。这样，只要一次麻醉就可以解决几个问题，既省钱，又减少了麻醉风险，还可以少让狗狗吃苦。

例如洁齿。如果发现狗狗的牙结石比较严重，就可以请医生在绝育的同时给狗狗洁齿。例如脂肪瘤。如果发现狗狗皮肤上有小的脂肪瘤，也可以请医生顺便切除。例如疝气。疝气不严重的时候不用手术，但是如果能在绝育手术时顺便修补，就可以绝后患。

2．术中

母狗手术的时间大约为30分钟，公狗只需15分钟左右。加上麻药生效和术后等麻药醒来的时间，从狗狗进手术室到出手术室一般需要1小时左右。

3．术后

1）滴眼药水

因为麻药的作用，狗狗在麻药醒来前不会眨眼，眼球容易干燥，因此需要滴眼药水来保持眼球湿润。

正规医院会在手术过程中给狗狗涂眼药膏以避免眼球失水，有的小医院不会这么做。

建议主人自备一瓶普通的能滋润眼睛的眼药水，例如人工泪液或者珍珠明目滴眼液之类的，然后在狗狗一出手术室时就滴上一滴。

2）进食进水

术后8小时左右可以给狗狗进水进食。

准备复食之前，先给狗狗少量饮水。如果没有呕吐，再喂食。喂食量先减半，到下一顿再恢复正常。

每家医院的疼痛管理不同，而且每条狗狗有个体差异，有可能会出现手术当天甚至第二天因为伤口不适而不想进食的情况。这时主人不用过于担心，也不用急于喂食。

但是，有些胆小的狗狗可能会出现一直待在窝里不出来进食的情况。如果狗狗体温正常，伤口也没有感染的迹象，那么很可能是心理原因导致的。因为在自然界中，受伤的动物往往会成为被猎食的目标，所以，为了安全起见，它们会选择躲在窝里不吃不喝，尽量减少排泄，来躲避敌人的注意。

绝育手术后的狗狗也有可能出于这样的本能而不主动出来进食。这时候，主人可以尝试把食物送到窝边，也可以尝试把食物放在手里给狗狗喂食。另外，用煮熟的鸡胸肉等自制狗饭代替颗粒狗粮，也有助于狗狗恢复食欲。

一般从第二天开始就可以带狗狗到户外大小便了。没有拆线前要注意限制运动量，同时不要让狗狗剧烈运动。

3）伤口护理

定期观察伤口。如果伤口干燥，没有渗出液和红肿，则一天1次用聚维酮碘消毒就可以了。如果伤口有红肿，可以适当增加消炎次数至2~3次，同时联系医生。

注意给狗狗戴上伊丽莎白圈，或者穿上手术衣，防止舔伤口。

一般来说，术后会要求打3天消炎针甚至输液。这对主人来说比较麻烦，得增加去医院的次数。我的经验是，如果医院手术时灭菌严格，那么术后回家完全可以用口服消炎药来代替打针和输液。因此，如果你选择的医院和医生都比较靠谱，可以询问医生是否能开口服消炎药。

到第7~10天回医院检查，由医生决定是否可以拆线。

还有一点需要注意的是，没有特殊情况，主人尽量少去检查伤口，一天一次足够了。你的过分关注会造成狗狗情绪紧张，同时也不利于伤口愈合。你越放松，狗狗就会越快恢复正常。

第六章　医药箱

主人照料得再精心，狗狗也难免会遇上点小毛病，如果主人能为狗宝贝准备一个小小医药箱，储备些常用药，遇到小问题时，处理起来就比较从容了。

在后面几节里我分别列出了建议常备的外用药、内服药以及常用的器械。其中打星号的，或者是因为比较常用，或者是因为临时要买不太好买，所以建议为必备药品；而没有打星号的则为可选药品，你可以根据自己的情况事先备好，也可以等需要时临时再买。

第一节　外用药

一、聚维酮碘（＊）

聚维酮碘是不含酒精的碘制剂，对皮肤黏膜刺激性小，狗狗比较容易接受，具有广谱杀菌作用，对大部分病菌均能有效杀灭。

用途：

聚维酮碘

1）外伤消毒，防止感染化脓

任何小的外伤，都可以用聚维酮碘来消毒，防止继发感染。

2）消肿

如果发现狗狗皮肤上有红肿，但没有破溃化脓，可以先尝试涂聚维酮碘消肿。

3）治疗细菌、真菌感染引起的皮肤病

由于聚维酮碘可以杀灭细菌和真菌，因此当发现狗狗有皮肤病初起的症状时，即使主人无法分清是细菌性的还是真菌性的，都可以先尝试在有问题的皮肤上涂些聚维酮碘试试。

无论哪种情况需要用到聚维酮碘，一般都是每天3次；情况特别严重的，可以适当增加1~2次。同时，主人应密切观察病情的变化，如果涂了之后，病情没有继续发展，甚至有所好转，那么可以继续自己治疗。如果3日内没有好转，甚至加重了，那么还是应该赶紧去医院找医生诊治。

二、双氧水（过氧化氢溶液）（＊）

当双氧水和皮肤上的伤口、脓液或污物相遇时，立即分解生成氧，产生大量气泡；与细菌接触时，能杀死细菌。刺激性较大。

用途：

1）处理较深的伤口

例如，当狗狗打架被咬伤时，可能会形成虽然小却比较深的伤口，这时先用双氧水清洁伤口，可以避免一些厌氧菌的感染。

2）清洁化脓创面

当伤口化脓时，最好先用双氧水清洁。

3）去除粘住的纱布

当狗狗的皮肤表面有创伤时，如果处理不当，覆盖在创口的纱布容易粘连，这时可以用双氧水湿润纱布，所产生的大量泡沫可以很容易地将纱布和创口分离。

双氧水

！注意

双氧水对皮肤刺激性较大，对于敏感的狗狗应谨慎使用。

三、金霉素眼膏/莫匹罗星软膏（＊）

金霉素眼膏有很强的消炎抗菌作用，价格又非常便宜，所以建议在家里常备一支。

百多邦抗生素软膏，又称为莫匹罗星软膏，是目前效果比较好的局部外用广谱抗生素软膏。

用途：

当狗狗身上的小伤口、小脓肿破溃或者化脓时，可以在用聚维酮碘消毒后，涂金霉素眼膏或者百多邦软膏消炎。

抗生素软膏

四、氯霉素眼药水（＊）

可能是因为氯霉素眼药水价格便宜，很多药房里

氯霉素眼药水

现在都买不到了。所以建议方便的时候备上两支，以免需要用时买不到。

用途：

狗狗眼部轻微发炎、外耳有轻微炎症时都可以使用。给狗狗洗澡后，如果有脏水入眼，也可以滴上一滴氯霉素眼药水预防发炎。

> **注意**
>
> 在给狗狗用了外用药之后，一定要注意防舔！如果是用了聚维酮碘等挥发性的药水，可以在用药后控制狗狗5分钟左右，等药物挥发之后再放开。如果是不易挥发的药膏，则必须戴上伊丽莎白圈，等药物完全吸收后再取下。

第二节　内服药

一、妈咪爱，通用名为枯草杆菌二联活菌颗粒

妈咪爱为益生菌制剂，含活性益生菌，能促进营养物质的消化、吸收，调整肠道内菌群失调。同时还含有多种水溶性维生素，可以补充由于腹泻所导致的水溶性维生素缺乏。

妈咪爱

用途：

1）使用抗生素时服用

狗狗在使用抗生素时，可以服用妈咪爱，防止因为抗生素的作用而造成肠道菌群紊乱，导致便秘或者腹泻。

2）呕吐、腹泻时服用

狗狗呕吐、腹泻次数较多（一天超过3次）时，除了正常的治疗外，可以服用妈咪爱调理肠胃，补充丢失的水溶性维生素。

> **注意**
>
> 和抗生素同时服用会减弱疗效，应该分开服用。

二、多酶片

多酶片的主要成分为胰酶和胃蛋白酶，可以促进消化。

用途：

当狗狗因为进食过多或者食用不易消化的食物而发生腹泻、呕吐时，可以在刚开始复食阶段随餐服用多酶片，以便帮助消化。

或者在预计某一顿进食量较多的时候（例如逢年过节），先给狗狗预防性地服用多酶片，以避免因为消化不良而发生腹泻、呕吐。

多酶片

三、葡萄糖粉剂

当狗狗呕吐、腹泻时，首先要做的是禁食。如果呕吐、腹泻次数较多，还要防止脱水。这时候可以给狗狗喂用葡萄糖粉剂、盐、白开水冲成的"糖盐水"补充能量和防止脱水。"糖盐水"的组成：白开水500毫升+葡萄糖20克+盐2克。

葡萄糖粉剂

第三节 常用器械

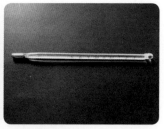

电推剪

电推剪除了平时能用于自己给狗狗修剪毛，还可以用来清除伤口周围的毛，以及皮肤病患处。

美容剪刀（*）

有的伤口不能用电推剪修毛，就要用美容剪刀小心地剪去周围的毛。平时也可以用来修剪毛。美容剪刀价格较低，建议常备一把。

肛门表温度计（*）

体温异常是狗狗健康状况的重要风向标。家中常备一支肛门表温度计，在需要的时候给狗狗测体温，帮助判断狗狗的病情是轻还是重。

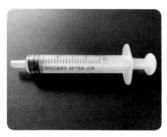

一次性针管（＊）

一次性针管可在需要时用来给狗狗喂水喂药。

止血钳（＊）

止血钳用于夹医用棉球清理伤口。平时还可以用来制作棉棒清洁耳朵。

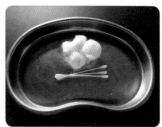

脱脂棉及药用棉签（＊）

脱脂棉和药用棉签可用于掏耳朵、处理伤口等。

医用纱布、医用胶带（＊）

医用纱布、医用胶带主要是用来处理伤口。宠物主人还可以将纱布缠绕在手指上给狗狗刷牙。

第四节 如何让狗狗配合用药

一、如何给狗狗吃药

1. 片剂

可以选用下列方法给狗狗吃片剂。

1）混在食物中

适合喜欢狼吞虎咽、不细嚼慢咽的狗。用手抓一小把食物，例如颗粒狗粮或者肉粒，把药片混在食物中，然后把手贴在狗狗嘴前，注意不要让它用鼻子闻，大多数狗狗会直接把颗粒狗粮连药片吞进肚子。

来福在示范吃药（李华拍摄）

对于比较警惕的狗狗，可以先给它用同样的方法吃几次食物，然后再混入药片。

2）包裹在食物中

也可以把药片包裹在狗狗喜欢吃的食物中，例如把药片包在一小片面包里，捏紧；在一段火腿肠上挖个洞，把药片塞在洞里，然后把面包团或者火腿肠给狗狗吃。注意也要直接放在它嘴边，避免它用鼻子闻。

3）简单粗暴直接喂

对于极少数警惕性极高，用前两种方法喂食都会把药片吐出来的狗狗，可以用一只手把狗狗的嘴巴掰开，用另一只手的食指和中指夹着药片放到喉咙深处，然后让狗狗把嘴闭上。一般情况下，狗狗就会把药片吞下去了。记得喂完之后马上用零食奖励一下。

2. 胶囊

1）混在食物中

对于嘴巴特别馋的狗狗，可以尝试和片剂一样，把胶囊混在食物中，然后把混有胶囊的食物放在手心，手贴在狗狗嘴前，让它一口吞下。

2）使用喂药器

因为胶囊遇湿会变粘，如果直接塞进喉咙的话，一般难以咽下，反而会被狗狗吐出，所以不能采取直接喂食法。

可以买专门用来喂胶囊的喂药器，把胶囊夹在喂药器的一端，把喂药器伸进狗狗口腔深处接近咽喉的部位，然后按下按钮，胶囊就会直接进入食道。

3）混在肉汤里

如果实在无法让狗狗直接吞下胶囊的话，可以将药粉从胶囊内倒出，混在一小碟肉汤里，给狗狗喝肉汤。

对于比较警惕的狗狗，要先给它一小碟没有掺药粉的肉汤，让它喝下，然后再把掺有药粉的肉汤放在它嘴边让它直接喝，不要让它闻。

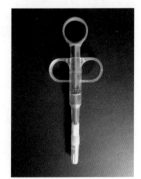

喂药器

也可以用针筒抽取混好药粉的肉汤，从嘴角注入。

使用这个方法之前应先咨询医生。因为胶囊能保护药物不被胃酸破坏，如果除去胶囊，有可能会影响药效。

3. 药水

如果医生配有药水，需要用针筒喂服，那么千万不要采取强行把狗狗抓住、强迫喂食的方法，那样会让它感到很害怕，以后一看到针筒就会逃。其实狗狗害怕的不是针筒本身，而是主人的表情、语气和动作让它预感到会有危险。

我采用的办法是，在口袋里准备好"高级"零食，然后拿着针筒正常地走到狗狗跟前蹲下，给它看一下针筒，满脸堆笑，高兴地说"宝贝，吃药药了!"，接着一只手轻轻地固定头部，另一只手从嘴角迅速注入药水，随后立即送上零食奖励!

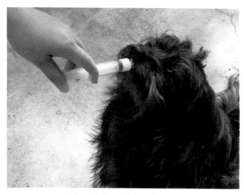

小黑在示范吃药（李华拍摄）

所以我家的狗狗一听到"吃药药"都会欢天喜地地主动过来。

同样，对于警惕性高的狗狗，可以准备两个针筒，一个装肉汤，一个装药水，先喂肉汤，再喂药水。

> **注意**
>
> 很多药物对食道有刺激性，所以在给狗狗吃药之后，记得再让它喝点水，也可以是肉汤，促使药物尽快通过食道。

二、如何让狗狗乖乖配合打针

1. 为什么大多数狗狗会害怕打针

其实，狗狗对疼痛的敏感程度要比人类低得多，像打针这点儿痛对它们来说根本就不算个事儿。那为什么大多数狗狗一去医院打针就吓得要死呢？关键在于以下几点。

1）医院的整体环境

因为医院里有很多生病的以及因为害怕而吠叫的狗狗，这些狗狗的气味和声音都在传递着同一个信息：这是个可怕的地方！这些让狗狗一踏进医院就已经开始感到害怕了。

2）医生的形象

平时没有看见过的白大褂等医生制服，对狗狗来说是需要提高警惕的信号。

3）医生的举止

大部分医生因为要看诊的患犬比较多，所以很少会花时间让狗狗熟悉和亲近自己，而是希望尽快完成打针这件事。同时，医生一般都会举着针筒从狗狗的正面伸手过来。在狗狗看来，就是一个可怕的陌生人拿着武器想要攻击自己，因此往往会因为恐惧而开始吠叫、挣扎。

为了不让狗狗挣扎，绝大多数医生会采取的措施就是让主人离开，然后叫孔武有力的助手强行控制住狗狗。这时狗狗会因为挣脱不了，又没有主人在身边支持，无奈地放弃挣扎。然而，这时它的内心是极其恐惧的！因此，下次只要一去医院就会吓得要死。

2. 如何让狗狗乖乖配合打针

要让狗狗乖乖配合打针，最好的做法是根本不要让狗狗感到害怕！

1）尽可能选择一家环境好一点的医院

例如，住院部能和门诊部在空间上隔离，在同一间诊疗室中只接待一条狗狗。

2）挑医生

尽量选择有耐心、有爱心的医生。

3）错峰就医

尽量选择病患比较少的时候去医院，最好事先电话预约。

4）主人陪同

和医生商量，允许主人陪同狗狗。如果是做绝育手术，最好能陪同狗狗直至打完诱导麻醉、失去知觉为止。

5）注意细节

请求医生拿针筒的时候不要让狗狗看见，从背后给它打针。同时，主人一边抚摸狗狗，一边给它零食（因病、因手术不能吃的除外），并温柔地和它说话，直到医生打完针。

来福示范打针

我家狗狗每年打疫苗的时候，我都会选择小区附近的一家医院，因为这家医院的免疫部和门诊部是分开的。而且我总是会事先打电话预约没有其他狗狗的时候去。当然，好吃的零食也是必不可少的。所以，它们从来没有害怕过医院和打疫苗，每次去打疫苗就像是去秋游。

三、如何让狗狗配合喷药

有时候，我们需要往狗狗的皮肤上喷药，这也有可能会让狗狗感到害怕。狗狗害怕的原因有三：

原因1：喷药时所发出的"嗞"的响声。

原因2：药水喷到皮肤上凉凉的感觉。

原因3：有刺激性的药水喷到伤口上会有刺痛的感觉。

所以，如果有可能，我会尽量用纱布或者棉球蘸取药水敷在伤口上，来代替用喷雾瓶喷药。这样能让狗狗消除心理上的恐惧。心理恐惧会把疼痛的感觉放大。

其次，尽量用不刺激的药水来代替有刺激性的药水。例如清创时，虽然双氧水效果比较好，但一般情况下，我宁愿用不刺激的生理盐水代替双氧水。消毒的时候，用刺激性小的聚维酮碘代替刺激性大的碘酒、酒精。

如果必需用喷雾瓶喷药，最好先找一个喷雾瓶装上温开水，对着狗狗健康的部位喷一下之后，马上奖励。过一会儿再重复此动作。训练几次之后，如果狗狗对喷雾没有反感，再用药水对着伤口喷一下，然后奖励。

四、如何让狗狗配合滴眼药水

让狗狗坐好，一个人在正面用零食吸引它的注意力，另一个人抚摸它的头部，然后从背后上手，把头微微仰起，轻轻扒开眼皮，把眼药水滴在眼角，立即奖励。

五、提前进行适应性训练

建议平时在狗狗身体健康的时候经常进行以下适应性训练，这样一旦狗狗生病需要治疗时，就不会感到害怕，也不需要临时抱佛脚再进行训练了。

来福示范滴眼药水

- 假装喂药水。没事经常用针筒喂肉汤。
- 假装打针。用牙签在皮肤上刺一下，然后奖励。
- 假装喷药。用喷雾瓶装上清水，在狗狗的皮肤上喷一下，然后奖励。
- 假装滴眼药水。用一个空的眼药水瓶子，按照滴眼药水的流程，假装滴一下，然后奖励。

自制狗狗磨牙食品

风干羊蹄

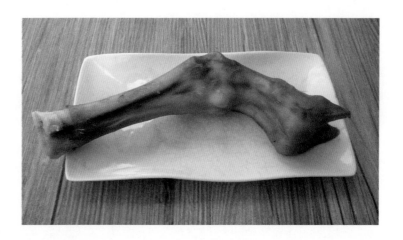

制作
方法

1 修剪：羊蹄剪去脚指甲，刮毛。

2 焯水：锅中放入清水（要能没过羊蹄），大火烧开后，将处理好的羊蹄投入水中焯上20秒钟左右，至表面变色，即捞起沥水。

3 烘干：沥好水的羊蹄放入风干机托盘，40℃，烘20小时左右。也可以选择在干燥的冬季，将处理好的羊蹄用绳子吊起来，挂在阴凉通风处，自然风干3~5天。

风干肉皮

制作
方法

1 去脂去毛，分割：用刀切除肉皮表面的脂肪，并刮毛，然后分割成10厘米×5厘米左右的片。

2 水煮：锅中放入适量清水，大火烧开后，将肉皮投入水中煮20分钟左右，至肉皮呈透明状且有些粘手。

3 去脂整形：将煮好的肉皮捞出，用冷水冲一下，用刀刮净表面残余的脂肪，趁热将肉皮卷成卷。

4 烘干：将处理好的肉皮卷放入风干机托盘，50℃，烘10小时左右，至表面干燥但手感略微有些弹性时即可。也可以选择在干燥寒冷的冬季，将处理好的肉皮用绳子串起，挂在阴凉通风处，自然风干2天左右。

参考书目

1. Dr. Nancy Kay. *Speaking for SPOT*. Trafalgar Square Books. 2008.

2. Martin Goldstein, D.V.M. *The Nature of Animal Healing*. Ballantine Books. 2000.

3. 王九峰. 小动物内科学. 北京：中国农业出版社，2013.

4. 何英，叶俊华. 宠物医生手册. 沈阳：辽宁科学技术出版社，2009.

5. 孔繁瑶. 家畜寄生虫学. 北京：中国农业大学出版社，2010.

6. 吴清民. 兽医传染病学. 北京：中国农业大学出版社，2001.

7. 华修国，谈建国，王春林. 犬猫疾病防治手册. 上海：上海交通大学出版社，1994.

读者评论

1. "冻冻妈妈"许雁女士：

这本书我是一口气看完的，感觉受益匪浅。如果早几年看到这本书，我的"冻冻"就不会承受这么大的痛苦了。我家"冻冻"以前没有绝育，11岁时得了乳腺肿瘤和子宫积液，辗转多家宠物医院都没有很好的办法，最后经蓝老师引荐找到上海的凌凤俊博士做手术，凌博士高超的医术救了"冻冻"一命。在看这本书的时候，我可以感受到蓝老师对毛孩子们倾注的真心和真诚。只有全身心投入，才能对这些不会说话的毛孩子们有如此全面的了解。我已经把这本书推荐给我周围的狗友们。

2. "妞妞外婆"郑巧英教授：

我认真读完了这本书，有的章节内容还读了多次。这是一本教科书般的实用书，图书的内容非常详尽，给出了日常照管中的各类现状和问题的发生与处置，文中处处流露出作者多年养狗和潜心研究的心得，娓娓道来，勾起读者往下读的欲望。我在想，如果我们在领养"妞妞"之前就拜读了这本书，那"妞妞"肯定不是现在的状况。

3. **毛孩子家长王女士：**

和大多数毛孩子的家长一样，我最怕的就是宝贝们生病。当宝贝们一有呕吐、腹泻、不吃东西、得皮肤病等问题时，足够让我花容失色、担惊受怕，掌握不好是宝贝日常吐酸水、吐毛球的节奏，还是某些致命大病的前兆。在惊慌失措地冲到宠物医院前，有小蓝老师这样一位经验丰富的人士来贴心指导就很有必要。她不仅可以以缜密的思维帮你抽丝剥茧、定性定位地分析，找出这些小问题的真正原因并解决掉，还可以从她积累的大量案例中获得前瞻智慧，少走弯路，少交学费。毕竟，让毛孩子健康快乐地成长，少病痛，多陪伴，是我们每一个家长所希望的。很高兴看到小蓝老师终于把这日常365问集结成书，并给予全方位无死角地专业回答。这本书真是每一个毛孩子的福气，更是家长们不可或缺的工具书！

主审介绍

凌凤俊 兽医博士，高级兽医师。1985
年考入中国农业大学动物医学院，2001年
评为高级兽医师，2010年获得兽医博士学
位。1992年参与创建北京观赏动物医院，
1994~2003年任副院长，2004~2007年任院
长，并兼任北京市动物医院联谊会会长。
曾任北京小动物诊疗行业协会副理事长、
北京畜牧兽医学会小动物分会副会长、中国畜牧兽医学会理事。从
事宠物病临床、疾病诊疗、动物检疫及科研工作30年。在犬猫疾病
诊疗方面具有丰富的临床经验，擅长外科手术。2006年被评为感动
中国畜牧兽医科技推广功勋人物。多次到美国、加拿大、日本、丹
麦等国兽医农业大学访问留学。曾以国家公派访问学者身份前往丹
麦皇家兽医农业大学任客座研究员。曾任西北农林科技大学动物医
学院客座教授。现任上海交通大学宠物医院高级兽医师、浙江大学
动物医院技术顾问、上海市宠物业行业协会专家组成员、中国畜牧
兽医学会高级会员。

在犬猫骨折内固定、外支架固定、胸腔手术、髋关节置换、膝
关节手术、肘关节手术、髌骨异位和十字韧带断裂修复、耳部手
术、会阴疝手术等方面具有丰富的临床经验。以手术快、损伤少、
出血少、恢复快而著称。从1998年开始进行犬猫外科手术培训，培
训了大量宠物医师和临床技术人员。多次在北京、上海、济南、湖
南等地宠物医师大会和继续再教育技术讲座中担当讲师。在宠物医

生专用的应用程序——宠医客网络平台进行外科手术系列讲座。

2004年7月主持设计出国内第一套兽医界网上手术观摩会诊系统，同年9月设立第一个犬猫牙科门诊和专业手术室，开展微创手术，使犬外科手术向微创手术发展。

2004年参与制定了我国军犬营养伙食标准，经常为军犬基地的军犬提供疾病诊治和技术服务。在我国警犬进口工作中，运用过硬的技术手段为我国军犬进口把关。

2003年起将犬芯片首先应用于进出境检疫犬。曾应邀到中央电视台宣传推广犬芯片的应用，为我国犬芯片的研发、推广、应用起到积极作用。在人兽共患病（如：弓形虫、狂犬病）、犬传染病防治方面，长期进行这些传染病防治工作，特别是狂犬病的防控与研究，论文《北京市狂犬病检测技术推广应用研究》获北京市政府推广三等奖；曾应邀到中央电视台《焦点访谈》宣传狂犬病防控知识，到北京台做弓形虫科普知识讲座。

在上海交通大学动物医院临床工作中，以外科手术和肿瘤诊治为主。开展了骨折内固定、胸腔手术、椎间盘突出减压手术、髌骨异位修补手术、TPLO（胫骨平台水平截骨术）十字韧带断裂修复手术、下颌骨切除手术、软腭切除手术、耳道融合手术、会阴疝手术等。

曾参与我国兽医师执业考试方案制定工作，参与编写了新职业宠物医师、宠物健康护理员、宠物美容师新职业的建议书、标准的制定及修改。曾参加我国《执业兽医管理办法》《动物诊疗管理办法》等法律、法规的制定及修改工作。

关键词速查表

(按汉语拼音顺序排序)

图书在版编目（CIP）数据

狗狗小病不求医 / 蓝炯著 . — 北京：中国轻工业出版社，2025.2

ISBN 978-7-5184-3119-9

Ⅰ．①狗… Ⅱ．①蓝… Ⅲ．①犬病 – 防治 Ⅳ．① S858.292

中国版本图书馆 CIP 数据核字（2020）第 170301 号

责任编辑：程　莹　　责任终审：劳国强　　设计制作：锋尚设计　王超男
责任校对：李　靖　　责任监印：张京华

出版发行：中国轻工业出版社（北京鲁谷东街5号，邮编：100040）

印　　刷：艺堂印刷（天津）有限公司

经　　销：各地新华书店

版　　次：2025年2月第1版第6次印刷

开　　本：710×1000　1/16　印张：12

字　　数：200千字

书　　号：ISBN 978-7-5184-3119-9　定价：49.80元

邮购电话：010-85119873

发行电话：010-85119832　010-85119912

网　　址：http://www.chlip.com.cn

Email：club@chlip.com.cn

版权所有　侵权必究

如发现图书残缺请与我社邮购联系调换

242742S6C106ZBQ